孩子们看得懂的科学经典

时间简史

郭炎军 编著
张雪青 绘

北京理工大学出版社
BEIJING INSTITUTE OF TECHNOLOGY PRESS

仰望天空，我们无时无刻不惊叹于宇宙中无奇不有的神秘。从古至今，各国科学家们一直对探索宇宙的本源和归宿不遗余力：宇宙是有限的还是无限的？它真的有一个开端吗？黑洞为什么那么“拽”，能吞噬一切？时间的本质是什么？会不会真的有一架宇宙飞船能带我们穿越时空，自由往返于过去和未来？……

不管是成人还是孩子，了解更多宇宙的奥秘是我们每个人心中最原始的欲望。对宇宙、时间与空间的认识，人类经历了一段极其漫长的历史。

在天文物理学领域，无数科学家积极投身于宇宙学研究，试图将宇宙更多谜团一一揭开，进而解释宇宙终极真理。

在科学家眼里，几乎一切都可以得到科学证明：当哥白尼的日心说不被大家认可，开普勒干脆用行星运行三大定律为日心说“作证”；当人们对“重的物体一定比轻的物体下落速度更快”这一说法深信不疑，伽利略就在比萨斜塔上用自由落体定律对此予以驳斥；牛顿用三大运动定律对“力”进行解释，之后又将物体力学和天体力学完美统一，创立经典力学体系，从此宣告自然科学第一次大统一。

后来爱因斯坦横空出世，提出了具有划时代意义的相对论，这位“世纪伟人”用自己无懈可击的理论为我们开启了一个探索宇宙的新大门。

从看星星开始，到探索平行宇宙的多重历史，大爆炸、黑洞、暗物质、引力波、星系形成、时间旅行……千呼万唤中，宇宙的神秘面纱被一点点揭开。

此时此刻，宇宙正上演着一幕幕精彩绝伦的故事，当你通过本系列丛书将脑海中的“？”都变成“。”，你的宇宙探索之旅将变得妙趣横生，与众不同。

本套书分为《宇宙大爆炸》《黑洞的谜团》《时间的历史》三册。编写时参考了权威的背景资料和理论信息，尽量避免枯燥的、专业化的理论知识介绍，用大量比喻将深奥的科学知识变得“活起来”“动起来”；同时书中配有精美的、栩栩如生的手绘图片，令人遐想万千，让你在阅读的同时仿佛身临其境。随着书中文字漫步，我们将理解宇宙膨胀，认识遥远的星系、让人“恼火”的不确定性原理、时间箭头、时空旅行……

衷心希望每一位小读者都能在书中有愉快的探索体验。同时，书中难免有疏漏不妥之处，欢迎小读者们批评斧正！

谨以此丛书献给每一位充满探索欲的孩子！

目录

翻开这一页，
欢迎来到
无奇不有的
神秘宇宙！
e⁻

物理知识开启宇宙认识新时代

人类从未停止对宇宙的探索，从最开始的地心说到日心说，直到伟大的牛顿将地球物质的力和天体力学统一，创立经典力学理论，标志着人类对自然界认识的一次质的飞跃。之后，各国科学家不遗余力，对高速运动的物理世界认识得更清楚，以至黑洞进入我们的视野。很多人认为，要想解开宇宙的秘密，必须先解开黑洞的秘密。然而，了解黑洞的前提是要具备一些基本的天体物理知识。

开启“实验科学”大门的钥匙：斜坡实验

小朋友，如果我问你，从高处同时释放轻重不同的两个物体，你觉得会有什么现象呢？如果你的回答是：重的物体一定比轻的物体落得更快，那么你的观点和亚里士多德一样。不过，事实真的如此吗？

1900 年之后，这一观点遭到伽利略的挑战。

虽然伽利略从比萨斜塔上同时抛下轻重不一的两个铁球的故事极有可能是传说，但资料证明，他确实做过类似的斜坡实验。通过观测，伽利略发现，当重量不同的球从光滑的斜面滚下，球体滚落的时间完全相同，和球的重量没有任何关系。

后来，在不存在任何空气阻力的月球上，航天员大卫·斯科特用一个铅锤和一根羽毛进行实验，结果它们的确同时落到月面上。

事实胜于雄辩。

原来，力不是维持物体运动的原因，它只是改变物体速度的原因。斜坡实验不仅彻底否定了亚里士多德的观点，还成为开启“实验科学”大门的钥匙。因为，任何科学定律都要得到实验的再三验证，这是

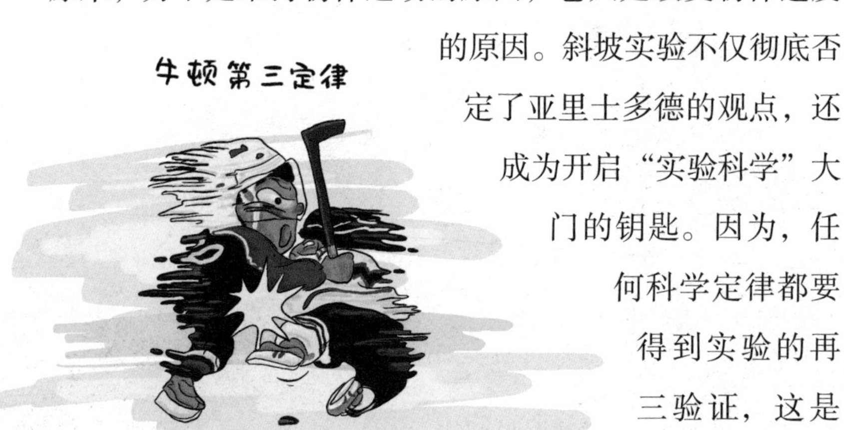

实验科学的精髓，也是人们称伽利略为“现代科学之父”的重要原因。

让牛顿困惑不已的三大运动规律

在伽利略之后，牛顿总结出带给他极大荣誉和成就的运动三大规律和万有引力定律，并因此规定了行星的运动轨迹。

牛顿觉得，物体在不受任何外力作用时，会一直保持静止或以相同的速度保持直线运动。这就是牛顿第一定律。

牛顿第二定律指出：作用在物体上的力等于该物体的质量与其加速度的乘积。听上去是不是有点难以理解呢？

小朋友们不妨这样理解：一辆小轿车发动机越强劲有力，加速度当然也越大；反之，如果发动机不变但小轿车变重，加

速度当然也变小啦！

牛顿也因此对羽毛和铅锤为什么会同时落地进行了解释。不计空气阻力，高空抛下的物体，它所承受的外力来自与自身质量成正比的重力，但外力产生的加速度却与外力大小成正比，与质量成反比。

也就是说，较重的物体虽然可以获得大的外力，但也会因自身质量无法得到较大的加速度。如果不计空气阻力，从相同高度抛下的铅锤和羽毛落下地面的加速度完全相同，所经历的时间自然也没有任何差别。

想想看，我们用力推墙时是不是感觉墙好像也以同样大小的力推我们一样呢？没错，这就是牛顿第三定律的内容：当一个物体对另一个物体施加一个力时，另一个物体也会对该物体施加大小相同、方向相反的力。

在这三大定律的基础上，牛顿相继提出万有引力定律：任何两个物体间都有相互吸引力，引力与物体的质量成正比，与距离成反比。

牛顿运动三定律和万有引力定律几乎解释了宇宙的所有运动，但它们所揭示出的事实却让牛顿困惑不已。

物体间的运动状态都是相对的，唯一的静止标准根本不存在。

光速：亘（gèn）古不变

17 世纪以前，大家都以为光速无限，虽然伽利略对此十分怀疑，但是因为光速实在太快，他的测量实验没有成功。

后来的许多科学家都想尽各种办法对光速进行测量，测得的光速值也越来越近准确值。

多年后，美国物理学家迈克尔逊和化学家莫雷在对光进行实验时，决定利用地球绕太阳的公转进行光速测定。可能我们都会觉得，当地球处于不同运动方向时，太阳光的速度自然也

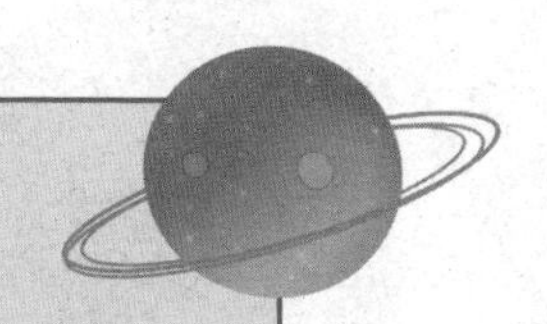

知识链接

亚里士多德认为，从相同高度同时抛下铁块和羽毛，一定是铁块先落地，因为重物受到的将其拉向地球的力更大。“重物下落更快”这一观点很长时间里被大家奉为“真理”。他甚至固执地觉得，人们仅依靠纯粹的思维就能将制约宇宙的定理找出来，根本不需要实践去验证。因此，没有人想到用实验的办法来证明不同重量的物体是不是确实以不同的速度下落，直到伽利略出现。

不同，但最后的事实却是：不管地球怎么转动，太阳光的传播速度都不变。

是不是超惊讶？完全不可能嘛！

其实这就好比一辆汽车以 100 千米 / 时的速度飞驰，在它旁边有一列以 200 千米 / 时的速度行驶的列车，那么列车的速度不管和开着的汽车比，还是和地面相比，都是一样的。

当速度快得可以和光速一较高下的时候，一切皆有可能。

小朋友们可能有这样的经历：当你把手电筒放在静止的地方让它发光，或举着手电筒边跑边让它发光时，它的光速并不会因为运动状态的改变而有丝毫改变。

如此看来，不管采用什么办法测量光速，光速似乎都是绝对不变的。

牛顿理论体系的基础：绝对空间和绝对时间

在大科学家牛顿看来：动者恒动，静者恒静。虽然他在著作《自然哲学的数学原理》中提出绝对时间和绝对空间的概念，并且绝对时空观念也成为牛顿理论体系的基础，但在这之后的200多年时间里，绝对时空观念带给科学界的却是更多的困扰。

时间永远恒定，从不逗留

在《自然哲学的数学原理》一书中，牛顿这样定义绝对时间：绝对的、真正的和数学的时间自身在流逝着，且由于其本性而均匀地、与任何外界事物无关地流逝着。

对任何人而言，时间的步伐都是一致的，所以我们才有“世界上最公平的就是时间”这一说法。

不管我们用什么方法计算时间，它都以同样的速度流逝，没有丝毫改变。时间，不可挽留，不可停滞，这就是绝对时间。

即使世界上所有钟表都消失不见，时间依然继续；假如太阳、地球、银河系甚至宇宙都消失了，时间会怎么样呢？可能你会说，一切都不存在的时候，时间还有存在的必要吗？不过，牛顿这么认为，他说：即使宇宙都消失，时间无关一切，依然独立存在且永远存在。

绝对空间：理想的水桶实验

在《自然哲学的数学原理》中，牛顿这样定义绝对空间：绝对空间就其本性而言，是与外界事物无关且永远是相同的和

不动的。

牛顿觉得，绝对空间独立于任何事物而独立存在。这就好比舞台，即使没有演员登台演出，舞台也仍然存在。

很多人都对牛顿的绝对空间表示质疑，为了证明绝对空间的存在，牛顿决定用一个理想实验——水桶实验来验证这一理论。

首先，他将一只水桶装满水，接着用绳子将水桶的把手绑住，再将水桶吊在一棵树的树枝上，之后让水桶旋转。

最初，水桶中的水保持静止，之后随着水桶一起转动，在离心力的作用下，水面慢慢脱离中心沿着桶壁上升形成凹状。

牛顿认为，这种现象是水脱离转轴的倾向，且这种倾向不依赖水相对周围物体的任何移动。可以简单地理解为，水桶相对于绝对空间旋转而进行运动。

很快，就有人对此提出反对意见：水桶是不是旋转和绝对空间的存在并没有任何直接关联。就宇宙本身旋转来说，就算

不提及水桶，也是同样的道理。

显然，牛顿的绝对空间漏洞百出。

光的媒介：以太

即使牛顿的绝对空间难以自圆其说，但并不影响一些科学家对此进行探寻，如美国物理学家迈克尔逊和莫雷。

19 世纪 60 年代，苏格兰物理学家麦克斯韦创立电磁理论。早在他发现光是一种电磁波时，他便明确指出：光波和射电波应该都是以某种固定速度行进的。这意味着，一定存在某种传导光波的媒介。

媒介，就是波在传导时必需的物质。

在为光波寻找媒介时，科学家们提出“以太”的概念。

作为一种无所不在的物质，以太甚至在广袤“空虚”的真空里存在。我们知道，声波通过空气行进，水波通过水面行进，光波则通过以太行进。按麦克斯韦的观点，以太就是衡量光波的“速度”的。

不同的观察者将会看到这样的结果：光虽然以不同的速度射向他们，但光相对于以太的速度不变。

我们知道，空气流动产生风。风吹动时，同样方向行进的声速会随风速增加而增加，沿反方向行进的声速会随风速增加而减慢。

以太作为光波传导的媒介，光速会随以太速度的增大而增大，随以太速度的减小而减小。即使在绝对空间，

这样一种静止状态的以太也同样存在。

假如将地球放入绝对空间，地球运行时，我们会感觉以太之风吹拂，地球所测光速会随以太风的方向变化而变化。

从前文可知，在迈克尔逊和莫雷的实验中，不管怎么对光速进行测量，光速始终不变。这一结果让人难以置信：以太似乎并不存在，或理解为绝对空间并不存在。

自相矛盾的以太

聪明的小朋友一定很好奇：为什么测量出一样的光速，就能说明以太或绝对空间不存在呢？

按照之前得出的结论，光波在以太中传播，若光速不变，以太就静止。宇宙中不管什么地方，光都可以传播，因此，以太应弥漫所有空间。不过，若以太静止，又弥漫整个空间，那

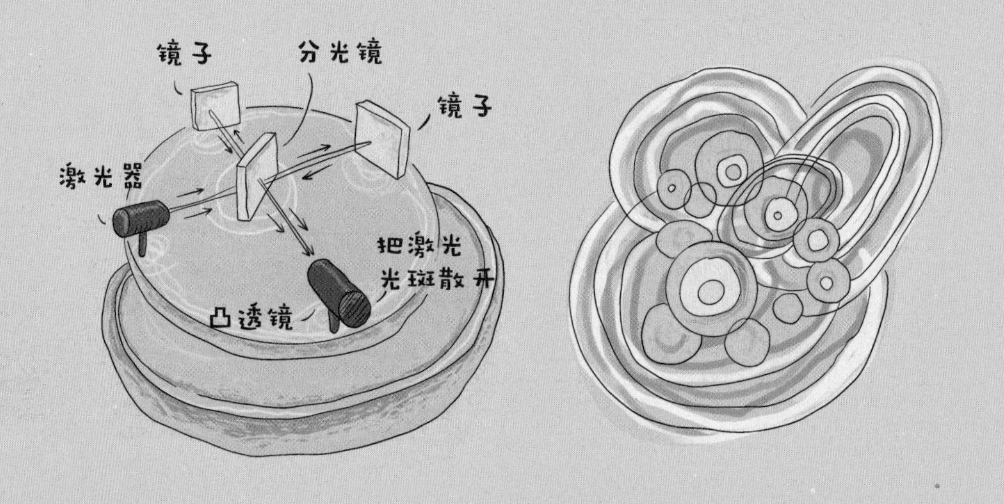

所有物体的运动都能看成相对于以太运动，以太一定程度上等于绝对空间。

迈克尔逊－莫雷实验说明，以太在静止的情况下，相对于绝对空间，地球应该是静止的。可事实却是：地球除了自身的自转和绕太阳公转之外，它还和其他行星一起以太阳系为单位受银河系的引力影响。这意味着地球无时无刻不在运动，根本就不可能是静止状态。

这简直太矛盾啦！如果以太会说话，它一定也很委屈吧？

在之后的很多年里，科学家们都试图对迈克尔逊－莫雷实验进行解释，但没有任何进展。经过多年思考，爱因斯坦在没有涉及深奥理论知识的前提下，仅通过一些最简单的假设，就将问题圆满解决了。

探索神秘宇宙的“灯塔”：狭义相对论

说到现代物理，就不得不提爱因斯坦的相对论。这一理论不仅是我们探索神秘宇宙的“灯塔”，更是由此揭开了宇宙学研究的新篇章。1905年，爱因斯坦发表内容简练、文字优美的划时代论文——《狭义相对论》。在很多物理学家思考同样的问题，但均不能突破“瓶颈”，取得最终结果时，爱因斯坦匠心别具，提出令人耳目一新、让人豁然开朗的时间和空间概念。

小职员的破空之解：光速不变原理

当所有人都尝试解释迈克尔逊－莫雷实验的结果时，1905年，瑞士专利局一位默默无闻、其貌不扬的小职员彻底颠覆过去所有的猜测和想法，在论文中指出：

以太根本没有存在的必要。只要抛弃绝对时间观念，以太的观念就是多余的。不存在绝对静止的参照物，时间测量也随参照系的不同而不同。他提出一种更合理的解释，即光速不变原理：不管在什么情况下观察，光在真空中的传播速度都是恒定的，其数值为 299 792 458 米 / 秒，且这一数值不因光源或观察者所在参考系的相对运动而改变。

这一原理的提出，让光的媒介以太没有继续存在的必要。

小朋友们，你们知道这位小职员是谁吗？没错，他就是狭义相对论的提出者——爱因斯坦。而光速不变原理正是狭义相对论的两个基本原理之一。

狭义相对论认定光速恒定。当两个物体以不同的速度运动并各发出一道光时，一样的时间里，虽然两束光走过的距离不一样，可光的速度却一样。在第三者测量的“相同时间里”，两个物体经历的真实时间也不一样。

太匪夷所思了是吗？时

间竟然随着速度可快可慢！时间变成了相对的，绝对时间不复存在。

可能感觉很难理解，但这种现象真实存在。

假如你乘飞机顺着地球自转向东飞，你的速度是飞机速度加上地球自转的速度，相比向西飞的飞机，向东飞的飞机速度则更快。当然，你所经历的时间比向西飞的乘客经历的短一些。这一结论早已被证实，由此也可以看出狭义相对论的正确性。

无论何时何地，物理法则永不变

狭义相对论的另一基本原理是相对性原理。简言之，相对性原理指不管谁从什么角度看物理学，物理法则都不会变化。

相对性原理是物理学基本原理之一，不存在“绝对参考系”。伽利略最早提出这一原理。

在经典物理学最开始，哥白尼的“地动说”与维护亚里士多德－托勒密体系的“地静说”之间爆发了激烈的争论。“地静说”的“粉丝”们这么质问“地动说”：假如地球高速运动，为什么我们在地球上感觉不到？

之后，伽利略在其名著《关于托勒密和哥白尼两大世界体系的对话》中，以一艘静止和匀速运动的“萨尔维蒂”大船为例，提出相对性原理，彻底给出解答。

书中有这样一个生存场景：将你和一些朋友困在甲板下的主舱里，舱内有一口大碗，碗里有一条小鱼，身边有几只蝴蝶和苍蝇。舱顶挂一只水瓶，水滴一点一滴地滴到下方一只宽口罐里。

仔细观察，当船停止不动，苍蝇和蝴蝶以相同的速度向舱内各方向飞行，碗里鱼儿自由游弋（yì），水滴滴入下方宽口罐里。这时，抬手将东西扔给你的朋友，只要距离不变，向任何方向扔所用的力气都一样；双脚无论朝哪个地方跳，离开原地的距离都相等。

之后，让船匀速运动，这时再重复上述现象和动作，其结果完全一样。通过任何一个现象都不能判断船是静止的还是运动的。

作为惯性参考系的“萨尔维蒂”大船说明：任何发生在船中的现象都不能作为判断船处于什么运动状态的依据。这就是伽利略的相对性原理。

不过，这一原理只在力学领域适用，爱因斯坦随后提出狭义相对性原理：在任何参考系中，物理定律都具有相同的形式。这标志着爱因斯坦将相对性原理扩展到整个物理学领域。

时间与空间的集合体：四维空间

既然绝对时间和绝对空间不存在，那是不是我们每个人都有各自不同的时间和空间呢？有没有一种办法让各不相同的时间和空间同时表达呢？

四维空间可以将这种设想变成现实。

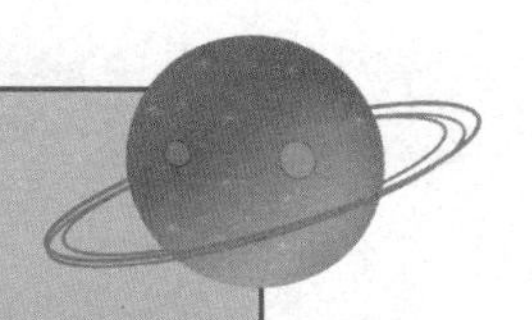

知识链接

小朋友们都有画小人儿的经历吧？假如你在绘画本每一页的不同位置上都画上不同的小人儿，当你快速翻动绘画本时，是不是会看到“动个不停的小人”呢？时空坐标系就好比一本绘画本，一系列不同时间（不同页数）、不同空间（页数上的不同位置）和点（所画小人）是组成坐标系的各部分。

时间和空间结合起来创造的空间称为四维空间。四维空间在普通三维空间长、宽、高三条轴基础上又多出一条时间轴。

在四维空间里，有很多事情正在发生，在每个人的时空坐标系中，大小事情都可以用四维空间中的一个点表示，即事象。

小朋友可以这么理解：2022 年 1 月 1 日上午 10 点，你到电影院看了一场电影，看电影这一事件就可以用四维空间的一个点表示，看电影的时间和地点分别对应时间点和空间点。

我们无法见识真正的四维空间，可并不妨碍我们借用二维图来表达。用向上增加的方向表示时间，水平方向表示其中一个空间坐标。像这种不管另外两种空间坐标的坐标图，称为时空图。

因绝对时间和绝对空间并不存在，因此唯一的四维空间也不存在。大多数情况下，四次元时空图因人而异，并且根据这个人的运动状态而定。

探索神秘宇宙的“灯塔”：广义相对论

狭义相对论解决了光速不变的问题，这无疑是伟大的。可是，爱因斯坦的狭义相对论和牛顿理论有了不可调和的“小矛盾”，从1908年到1915年的近十年时间里，爱因斯坦一直不曾放弃思考和研究，以便达到让两种理论相互协调的目的。在这样的背景下，他提出广义相对论。

革命性设想：弯曲的时空

当很多人为狭义相对论欢呼时，爱因斯坦又发现新问题：

太阳光传到地球需要8分钟，所以我们可以感受到的太阳光其

实是8分钟前发出的。假如太阳猝不及防地消失，光停止的时间也应是8分钟之后。但假如太阳消失，它对地球的引力也将突然消失，才不会等8分钟呢！

这太奇怪了，引力凭什么跑得比光还快呢？

牛顿指出：物体间相互吸引，引力大小取决于它们间的距离。也就是说，移动其中一个物体，另一物体受到的引力也将改变。

照这样，太阳消失的引力效应以无限大的速度到达地球，而不会像狭义相对论要求的那样，等于或低于光速。

对此，爱因斯坦经过长达十年的思考，提出引力论和狭义相对论相协调的广义相对论。他大胆设想：引力不是力，而是一种弯曲。

在时空中，质量和能量的分布让时空产生弯曲，地球并不是受到引力的作用沿着轨道运动，而是沿着弯曲的轨道与直线路径最接近的东西（测地线）运动。

即使物体沿四维空间直线行走，但在三维空间里，它走的却是弯曲路径。假如你从北京出发，沿着笔直的路线前往广州，但也只能说你走过的是一条弧线，因为地球是圆的呀！

太阳质量也是以这样的方式弯曲了时空，从而使四维时空中的地球虽然沿直线运动，但看起来却是沿三维空间中的椭圆轨道运行。如此一来，牛顿引力论

和广义相对论都能准确描述行星轨道，两者达到完美统一。

时空弯曲事实表明，光线并非沿着直线行走，在时空中，光会被引力场折弯。英国一支探险队于 1919 年从西非观测日食时证明了这一说法的正确性。

科学理论下的推断：变慢的时间

有人乘宇宙飞船到太空旅行，当他几年后返回地球时，早已沧海桑田，发现已经过去了几百年。这听上去很科幻是吗？不过，这种推断可是很科学的呢！

因钟表本身运动状态不一，即使两只完全一样的手表也会显示不同的时间。也就是说，运动中的钟表会变慢。

有这样一个实验：

在实验开始前，先在天花板上吊一个内部顶上挂有镜子的箱

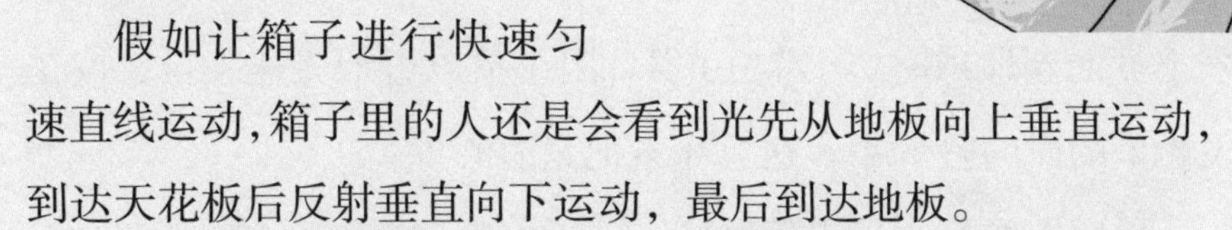

子，再在箱子的地板上放置一个光源。当光向上射出，会从天花板的镜子上反射回地板。

此时，用镜子距离地面高度除以光速，可算出光从地板到达天花板需用多少时间；用结果乘 2，可得出光往返所需时间。

假如让箱子进行快速匀速直线运动，箱子里的人还是会看到光先从地板向上垂直运动，到达天花板后反射垂直向下运动，最后到达地板。

假如让房间里箱子外静止的人来看，又会发生什么呢？

从箱子地板发出的光，向上倾斜至镜子，经镜子反射后，再次倾斜下降到达地板。因此，和箱子里的人相比，箱子外的人看到光走的距离更长。房间里静止的人所测光的往返时间，是用他看到的光的移动距离除以光速所得，其数值一定更大。

光速是恒定的。箱子外的人所测得光往返的时间，一定比箱子里的人所测得的时间更长。所以，相对于静止的钟表，运动的钟表会变慢。

谁更年轻：双子吊诡之谜

根据运动中钟表会变慢这一结论，我们来看双子吊诡现象（相对论中，让人费解的现象）。

小宝和小贝是刚出生的双胞胎，小宝在地球上，小贝乘飞船漫游太空。假如小贝的飞船速度为光速的80%，到既定恒星来回需要10年。当小贝回到地球时，小宝10岁。因小贝以近似光速飞行，待在飞船里的时间是6年，这意味着他只有6岁。

毋庸置疑，小贝更年轻。

用小宝生活的地球为参照，小贝高速运动，从运动的钟表会变慢这一说法可知，小贝老得慢。

事情远远没有结束！

相对性原理指出，一切都是相对的。小贝的飞船相对于地球运动，与此同时，地球相对于飞船也是运动的。以小贝作为参照物，小宝生活的地球就是运动的。根据运动的钟表会变慢理论，小宝就应该更年轻呀！

这简直太诡异啦！难道相对论也不可信了吗？

真相浮出水面：双子吊诡的解答

狭义相对论指出，并不是所有观测者都具备同等意义，具备同等意义的前提是必须强调观测者没有进行加速运动。

飞船在漫游太空过程中至少有过一次加速，这就说明，小贝不是惯性参考系。如果小贝没有返航继续飞行，于他而言，运转的地球对他没有丝毫影响。那么，对小贝来说，小宝的钟表就走得慢，当然也更年轻。同理，小宝也会认为小贝比自己年轻。

因两者的运动状态是等同的，所以他们的观点并不矛盾。

问题症结在于，当小贝抵达既定恒星后再次返回，返航需要转向，转向必须先减速直到速度为0，再加速回到地球。这一过程改变了飞船的运动状态，此时小贝不是惯性参考系，飞船的运动状态不再像原来一样和地球同等。这段时间，对地球而言，飞船处于运动状态下，因此小贝的时间会变慢。

因此，小宝和小贝年龄出现差异。

有人认为，加速中的物体只能使用广义相对论，不适合用

狭义相对论。其实，这一说法是错误的。关于时间的预言，广义相对论也有体现：在大质量物体（如地球）附近，时间流逝得更慢。

因光的能量和频率之间有这样一种关系，能量越大，频率越高。当光从地球引力场向上行进时，能量消失导致频率下降。所以，对上面的人来说，下面发生的事情好像所需时间更多。

后来，人们将一对精密钟表分别安装在水塔顶部和底部，来检验这一预言。其结果与广义相对论预言一致，水塔底部的钟表走得更慢。

相对论刷新了我们对时间、空间的理解，

一个膨胀的、动态的宇宙赫然在目。完全可以说，它影响了宇宙的方方面面，黑洞也不例外。

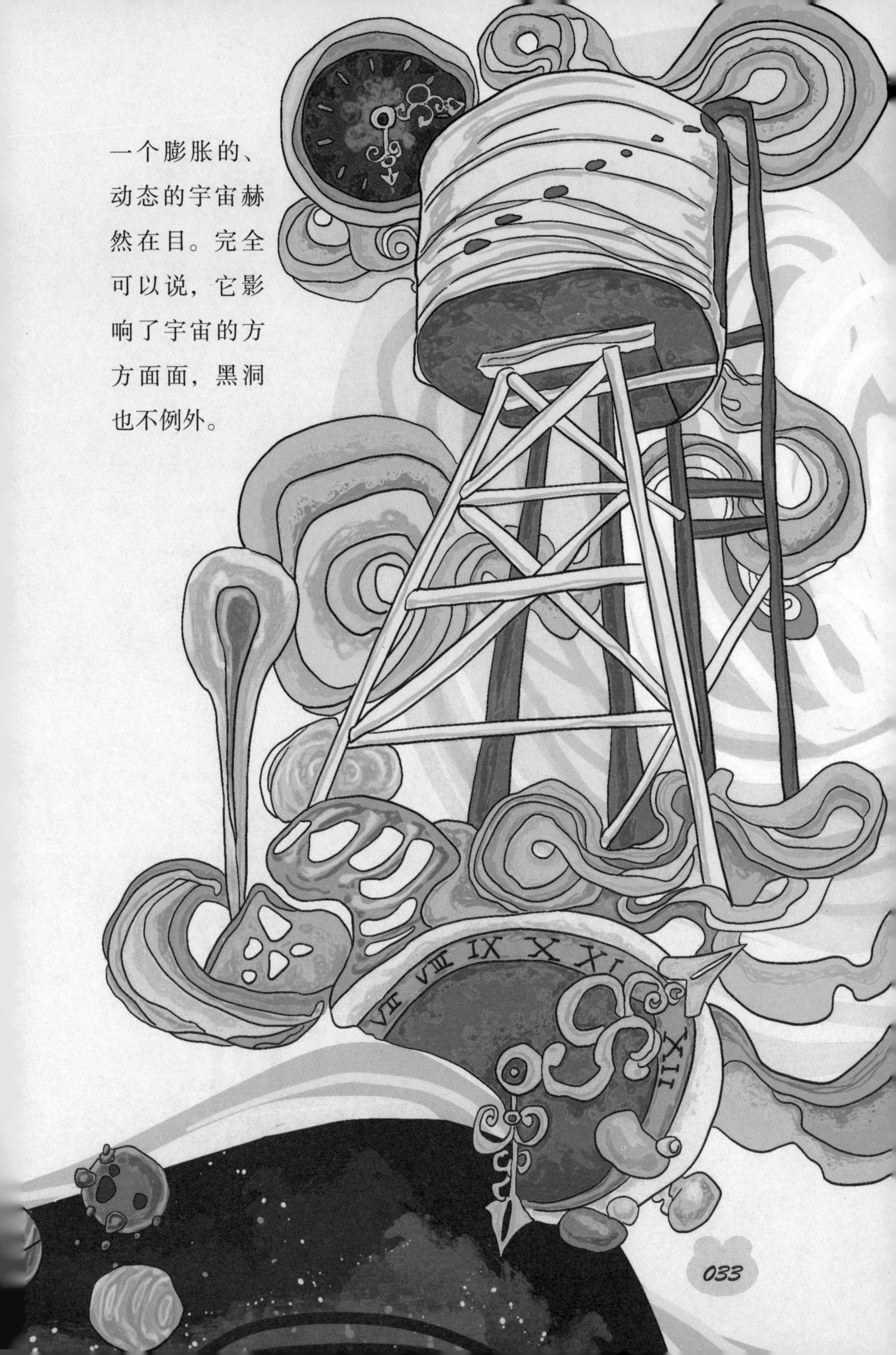

找到物质中“隐藏”的粒子

要探寻更多宇宙秘密，了解物质的构造至关重要。亚里士多德认为：土、气、水和火四种物质组成了宇宙中所有物质，引力和浮力作用在这些元素上。他相信，物质是连续的，可以无限被分割。这种说法遭到很多人的反驳。直到 19 世纪初，在总结前人经验的基础上，英国化学家道尔顿提出原子学说，圆满地解释了很多化学、物理现象，这才结束了长达几个世纪的争论。

构成物质的基本单位：原子和电子

按亚里士多德所说，物质可以被无限分割，那么永远都不能得到不可再分割的最小单位。公元前400年，古希腊哲学家德谟克利特提出原子假说。他认为，所有物质都由大量类型不同的原子组成。原子不可分割，数量无限，不生不灭，处在不断运动中，但因体积微小，不能被我们所看见。

这一说法也遭到大家的质疑。

19世纪初，道尔顿提出标志着开创化学新时代的原子学说，其主要内容为：化学元素由原子构成，是化学变化中不可再分的最小单位；不同元素原子的质量和性质不一样，同种元素原子的质量和性质都一样；假如一种元素质量固定，另一元素在各种化合物中的质量一定与它成简单整数比。

道尔顿的原子说表明，原子运动是所有化学现象的本质，并确认原子在所有化学变化中不可再分。

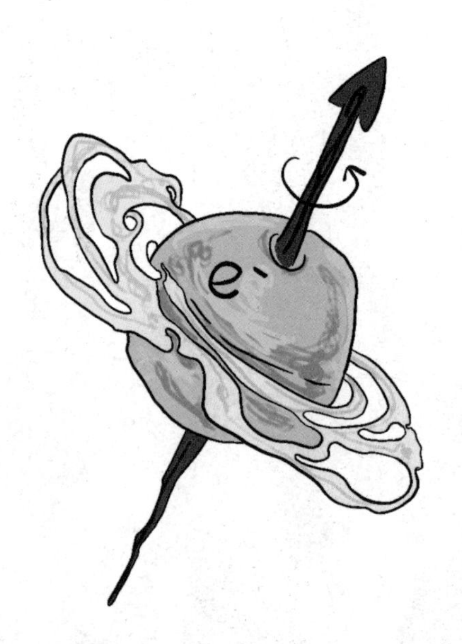

之后，根据不同原子的化学性质，俄国化学家门捷列夫花费长达20的时间，于1869年发表当时已知63种元素的元素周期律。

后来，剑桥大学研究员汤姆

逊和新西兰物理学家卢瑟福通过实验证明，原子由带正电的原子核和带负电的电子组成。

小朋友们一定会疑惑：原子不是不可再分吗？这简直是自相矛盾嘛！其实，在物理领域，原子是可再分的，其大小取决于最外电子层的大小。

假如将原子看成足球场，那么原子核不过是足球场中一个微不足道的乒乓球。别看它体积不大，质量却占原子质量的99%！

构成原子核：质子和中子

既然原子核质量几乎等于原子质量，那原子核还能再分吗？

新西兰物理学家卢瑟福在实验室用 α 粒子轰击氮（dàn）原子核时，发现了质子。氢原子的原子核由一个质子构成，其质量为电子的 1 836 倍。

就像大质量的太阳周围有小质量的地球环绕一般，大质量质子周围也有小质量的电子环绕。

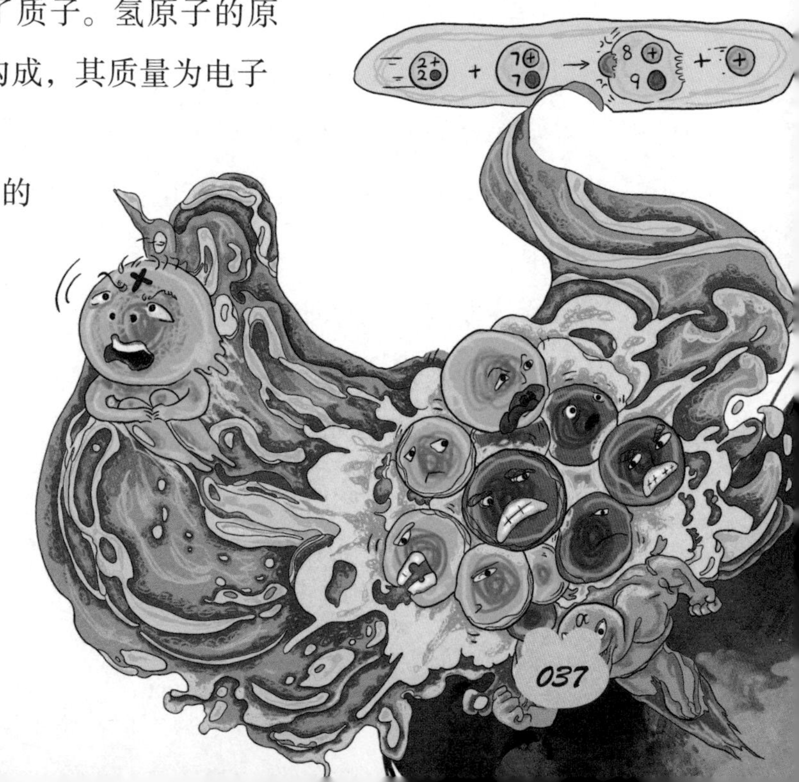

在原子核中，所含质子数和该元素在元素周期表中的序数相等，氦原子有 2 个电子，氦的原子核也有 2 个质子。可是，有 2 个质子的氦原子核的质量却是 4 个质子的质量，这是否表示原子核中还存在其他物质呢？

英国物理学家查德威克于 1932 年 2 月在用 α 粒子撞击硼（péng）的实验中，发现不带电荷的但质量与质子质量几乎相等的中子。

这一发现，完美地解释了氦原子质量是其中质子质量两倍的难题。因发现中子，取得原子物理研究的突破性进展，查德威克荣获 1935 年诺贝尔物理学奖。

质子和中子用途广泛。

在核磁共振技术中，就使用质子的自旋来测试分子结构。

中子因能深入穿透物质，所以是唯一一种能让其他物质具有放射性电离辐射的物质，因此在医疗界、工业界多被用于生产放射性物质，应用广泛。

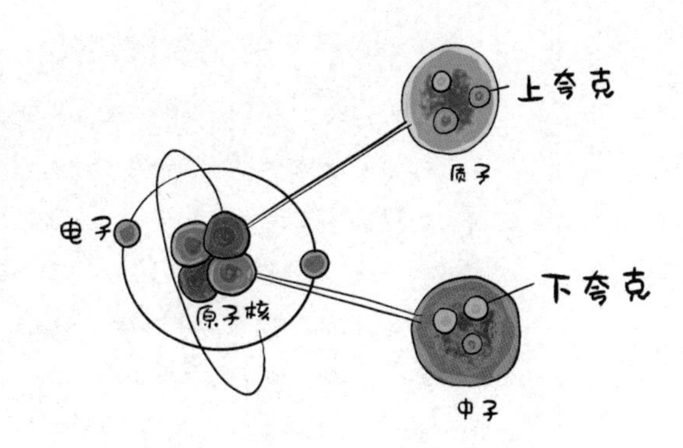

组成物质的最小微粒：夸克

人们曾普遍认为，组成物质的最小微粒是质子和中子，可质子和别的电子或质子高速碰撞实验表明，它们由更小的粒子——夸克构成。

夸克作为基本粒子的一种，也是构成物质的基本单元。当夸克相互结合，形成一种叫强子的复合粒子。

19 世纪末，“原子”殿堂的大门被科学家们相继打开，他们很快得出“原子不是物质最小粒子”的结论。通过实验，电子和质子进入大家的视野，之后，科学家们又认为发现的中子是最小粒子。

20 世纪 30 年代，科学家们用粒子加速器将中子打碎成质子，又将质子打碎成更重的核子，通过这样的碰撞，看到底能产生什么。

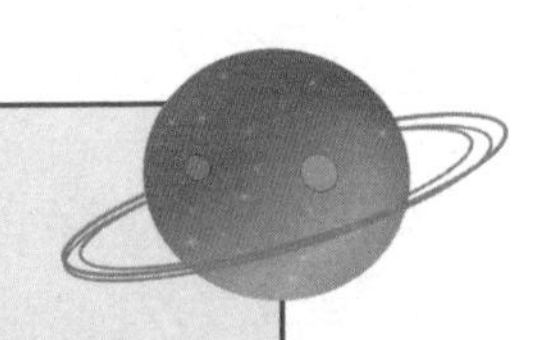

知识链接

有人形容，门捷列夫的元素周期表是玩扑克玩出来的。为什么这样说呢？他为每种元素建立一张扑克牌大小的卡片，然后将这些写有元素符号、元素性质、原子量及其化合物的卡片排了又排，钉在墙上。门捷列夫就是用这种玩扑克的方式，在漫长的20年时间里，发明了元素周期律。看似简单的一张表，却让毫无关系的元素“友好相处”，组成一个“和谐大家庭”，这一发明堪称近代化学史上的伟大创举。

美国物理学家唐纳德·格拉泽于20世纪50年代发明“气泡室”，他将亚原子粒子加速到几近光速，随后抛出这一充满氢气的低压气泡室，当这些粒子与质子碰撞后，质子分裂为一群陌生的全新粒子。从碰撞点扩散之时起，这些粒子便会留下不易被察觉的微小气泡。虽然不能看到粒子本身，但却可以看见气泡的踪迹。

这时，科学家们还不清楚这些数量众多、轨迹多样的亚原子粒子的“真实身份”。1964年，默里·盖尔曼和乔治·茨威格引入“夸克”这一概念，并独立提出夸克模型。

1968年，通过加速器实验，不同类型夸克的“上、下、奇、粲、底和顶”六味被观测到，每种味都有“红、绿和蓝”三种颜色。

盖尔曼指出，一个质子由三个夸克组成。一个质子包含一个下夸克与两个上夸克；一个中子含一个上夸克和两个下夸克。

因此，原子、质子和中子都可再分为夸克，夸克才是目前公认的构成物质的最小微粒。

了不起：主宰宇宙的四种基本力

科学家们认为，大爆炸刚一发生，便出现了主宰宇宙的四种基本力，即强核力、弱核力、电磁力和引力。这时，因宇宙超高的温度和密度，四种力只能挤成一团，但在极短的时间内，四种力就“分道扬镳，各奔前程”。四种力中，将我们和地球聚在一起的力——引力一马当先，最先逃离……

别看“我”弱，可处处有“我”：引力

所有的物质都有引力。

每个粒子都因自身质量或能量而感受到引力。但引力远远弱于其他三种力，因此一开始它很难引起我们的注意。

在《宇宙大爆炸》一书中，我们知道牛顿发现引力的故事，不过对于为什么会产生引力，牛顿并没有给出解释。

根据爱因斯坦理论，引力是时空结构发生弯曲后的一种表现，而时空结构发生弯曲的根本原因是巨大的质量。引力的产生和质量的产生紧密相连，两物体之间的引力与它们的质量成正比，与距离的平方成反比。

这就告诉我们，那些超级大质量的物体，如恒星和行星，其引力起着不容小觑的决定性作用。

天体中，地球质量虽然很小，但它将人类和地面上所有物体紧紧“束缚”在地球上。就连大气层也靠引力保持，否则，大气早就飘散掉了。

这表明引力的影响何等之大。

在引力作用下，部分天体绕其他大质量的天体运行，引力“迫使”它们沿着圆形或椭圆形的路线在太空中穿行。海王星与太阳之间的距离为45亿千米，但因太阳强大的引力，海王星只能“乖乖”地围绕太阳轨道运行。

在太阳和地球两个“庞然大物”中，粒子间引力虽微弱，但微弱的力无限叠加，也能产生惊人的引力。

在“我”面前，引力只是“毛毛雨”：电磁力

电荷、电流在电磁场中所受力的总称就是电磁力。

所有带电荷的粒子，如质子和电子，都会受到电磁力的影响。电磁力作用于带电荷的粒子之间，不和不带电荷的粒子相互作用。

电场和磁场背后都能发现电磁力的影子。人们甚至早已熟练地掌握驾驭磁场和电场的方法，从而产生能为我们做出极大贡献的电力。

在宇宙的四种基本作用力中，电磁力的强度只小于强核作用力。两个电子之间的电磁力比引力简直大太多啦！高达引力的100亿亿亿亿亿（1的后面为42个0）倍，是不是让人超级惊讶？

这简直就是传说中的“天文数字”呀！

电磁力离不开电磁场，当两个同时具有电（或磁）荷的物体间发生作用，磁场的基本量子称为光子。带电粒子间电磁作用的传递过程也是光子交换过程，光子交换过程也是能量交换过程，与此同时，也是质量交换过程。

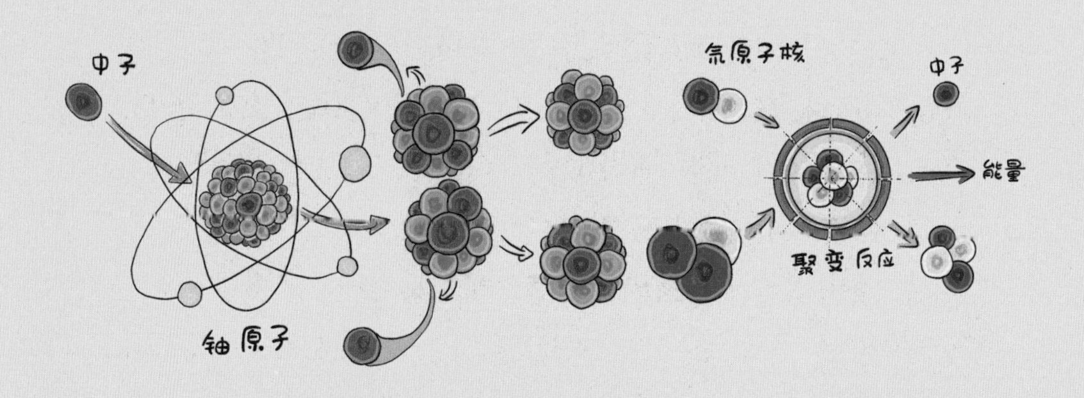

不轻易露面，但别当“我”不存在：弱核力

在平常的生活中，我们几乎不能与弱核力有什么直接接触，因为它只在原子内部“活动”。弱核力能让一些原子的微粒发生变化，甚至可以造成原子衰变，产生放射性。

面对如光子等自旋为 0、1 或 2 的粒子，弱核力没有任何作用，因为它只能作用于自旋为 1/2 的物质粒子。

正是因为这种情况，关于弱核力的研究一直没有取得什么突破性进展。

小朋友一定觉得很难理解，换句话说，弱核力只作用于自旋完整的 2 圈后，从各个角度看都完全一样的粒子。

1967 年，伦敦帝国理工学院的阿伯达斯·萨拉姆和哈佛的史蒂芬·温伯格提出电磁作用和弱作用的统一理论之后，弱作用才被大家更好地理解。

温伯格 – 萨拉姆理论指出：除了光子之外，还有另外 3 个携带弱力、自旋为 1 的被称为重矢（shǐ）量玻色子的粒子，分

别叫 W^+（W 正）、W^-（W 负）和 Z^0（Z 零），每个这样的粒子都具有大约 100 吉电子伏的质量（1 吉电子伏为 10 亿电子伏）。

这一理论表明：一些在低能量下看上去完全不一样的粒子，其实际上不过是同一类型粒子的不同状态。这些粒子在高能量下都有类似的行为。

在弱核力的作用下，中子可转化为质子。β 衰变就是弱核力最好的证明，核武器也以弱核力为基础。

别看“我”强，“我”有“禁闭症”：强核力

强核力又叫强相互作用力，是宇宙间四种基本力中最强的一种。

强核力将质子和中子中的夸克束缚在一起，原子中的质子和中子也被它束缚在一起。别看强核力好像很“了不起”，但它却有一种古怪性质——色禁闭。它总“喜欢”把粒子束缚成不带颜色的结合体。

从前文可知，夸克有红、绿或蓝三种颜色，但要得到单独的夸克却不可能。一个红夸克要用一个绿夸克和一串胶子以及一个蓝夸克联结在一起（红 + 绿 + 蓝 = 白），这样构成质子或中子。另一可能性是由一个夸克和一个反夸克组成的对（红 + 反红 = 白，或蓝 + 反蓝 = 白），这种结合形成的粒子叫介子。介子很不稳定，因为夸克和反夸克会互相湮（yān）灭而生成电子和其他粒子。所以，人们不能得到单独的胶子。

最开始认识到质子、中子间的核力属于强核力作用，是因为质子、中子结合成原子核的作用力，之后才认识到强子由夸克组成，强作用是夸克之间的相互作用力。科学家通过研究发现，强核力的强度与距离成一种反比关系：两个粒子贴近，强核力几乎消失。强核力这种“个性十足”的现象叫“渐近自由”。

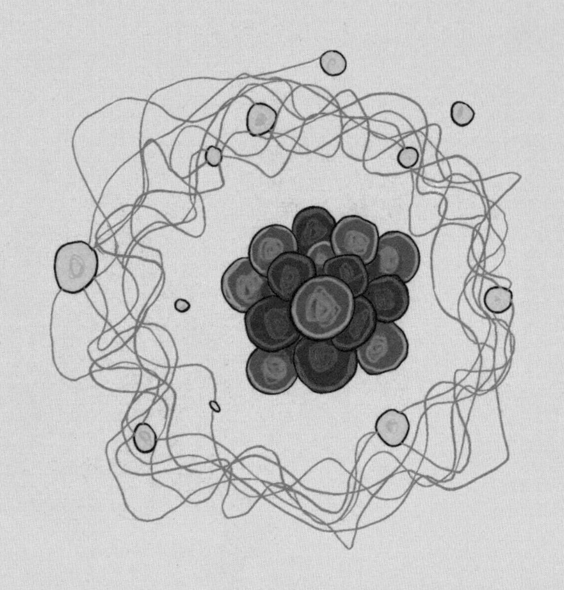

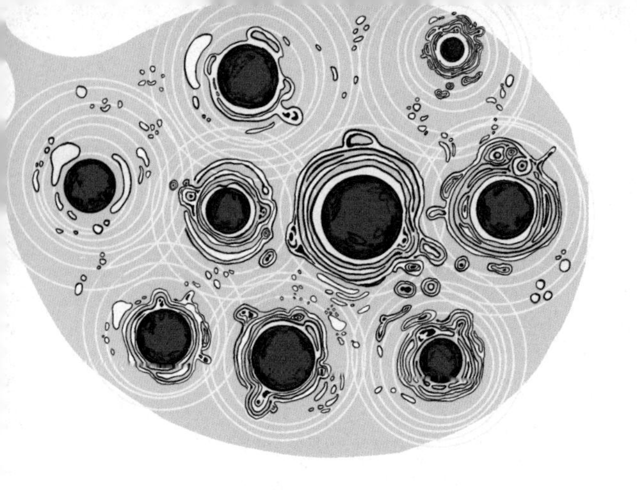

捕获光线的终极恒星：黑洞

黑洞作为最怪异的天体之一，它无限致密，无限黑暗，却又无限迷人。虽永远不能被人类肉眼所感知，所认识，但它以自身魅力成为各国天文学家们最重要的研究目标之一。黑洞这种极其强大的吸引力不仅极大地挑战了我们对物理学的理解，更从根本上挑战了广袤无垠的宇宙。

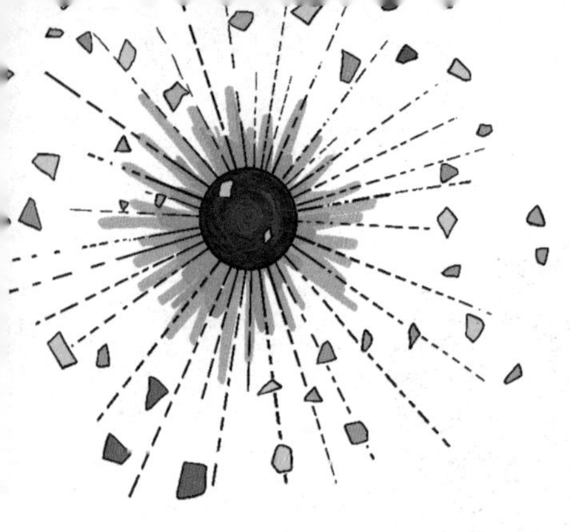

超酷的名字：黑洞

要说20世纪最具传奇色彩的科学术语，“黑洞”一定高居榜首。提及黑洞，感觉它就像一头凶猛的野兽，拥有让人难以接近的势力范围。只要有谁进入其中，就会立即被吞噬。

是不是感觉超恐怖？

1783年，剑桥学监米歇尔发表文章指出：只要一颗恒星的质量和密度都足够大，就会有强大的引力场，以至连光线也无法逃逸。任何从这颗恒星发出的光，在来不及到达远处时，就会被恒星的引力“拽”回来。我们虽然不能用肉眼看到这些恒星上的光，但我们可以感受到它的存在。

一开始，黑洞只是作为一种理论推理演绎的数学模型，后来才在宇宙中得到证实。1796年，法国科学家拉普拉斯解释“星球表面逃逸速度”时说：

“天空中存在像恒星一样多、像恒星一样大的黑暗天体。一个具有与地球相同密度但直径为太阳250倍的明亮星球，它发出的光被自身引力拉住而不能被我们接收。因此，最明亮的天体却是看不见的。”

20世纪初，广义相对论预言：一定质量的天体将对周围空间产生影响而使其“弯曲”，“弯曲”空间将迫使附近的光线发生偏转。

1916年，通过计算爱因斯坦引力场方程，德国天文学家史瓦西指出：将大量物质集中到空间一点——质点，质点周围就存在一个“视界”，即使光进入这个界面也不能“逃脱”，划过界面边缘的天体（恒星）也会被吞噬。

后来，这种不可思议的神秘天体被美国科学家约翰·惠勒取了一个超酷的名字——黑洞，意思是“连光都会被这样的恒星所捕获”。

从此，黑洞强势地进入科学幻想的神秘王国。

白矮星的质量上限：钱德拉塞卡极限

印度研究生钱德拉塞卡于1928年乘船到英国，跟随广义相对论专家艾丁顿爵士学习。在赴英途中，他意识到：恒星中粒子的最大速度差被相对论限制为光速，这表示只要恒星变得足够致密，排斥力的作用就会小于引力。

通过计算，他得出：一个

质量约为太阳质量 1.5 倍的冷却下来的恒星，不能支撑自身以抵抗自己的引力，维持平衡。这个质量称为钱德拉塞卡极限。

无疑，这一发现对了解大质量恒星的最终归宿具有极重大的意义。

一颗恒星的质量如果小于钱德拉塞卡极限，它最终将停止收缩，并变为一颗密度为每立方厘米数百吨、半径为几千千米的“白矮星”。

现在，有大量白矮星被我们发现，首次被观察到的白矮星是绕着夜空中最明亮的恒星——天狼星而旋转的暗星。

恒星质量如果大于钱德拉塞卡极限，白矮星就可能成为体积为 0、密度却无穷大的物体。后来，有人认为，恒星还有一种最终状态，其质量为太阳质量的 1 ~ 2 倍，体积甚至小于白矮星。这类密度为每立方厘米几千亿千克、半径 10 千米左右的恒星，称为中子星。

第一次有人预言中子星时，却没有什么办法能观察到它。

结局因质量而改变：奥本海默极限

钱德拉塞卡很疑惑，按照广义相对论，当不能阻止质量大于钱德拉塞卡极限的恒星发生坍缩时，这样的恒星会有什么情况发生呢？

1939 年，美国物理学家奥本海默圆满地解答了这一问题。

奥本海默先讨论了中子星的稳定性和平衡性。根据广义相对论中的结构方程，他证明出一个为太阳 0.7 倍的临界值。

当星体质量比这一极限质量小时，有稳定的平衡解；反之，则没有稳定平衡解。中子星这个临界质量值，称为奥本海默极限。

小朋友们可以这样理解：如果一颗热能源消耗殆尽的星体质量比奥本海默极限大，则不能成为稳定的中子星。它的最终结果可能是经过无限坍缩形成黑洞，也可能形成介于黑洞和中子星之间的其他类型的致密星体。

不过，这一极限值在现代被修订为太阳质量的 1.5 ~ 3 倍。

遗憾的是，因第二次世界大战爆发，很多科学家受原子弹计划的影响，开始做原子和原子核方面的研究，引力坍缩问题被遗忘。直到剑桥大学研究生约瑟琳 · 贝尔在 1967 年发现了太空中发射出无线电波的规则脉冲物体，才让大家对黑洞存在的预言重拾信心。

有趣的是，贝尔和导师最初还以为他们极有可能接触到了外星文明，但结果呢，这些被称为脉冲星的物体只是旋转的中子星而已。

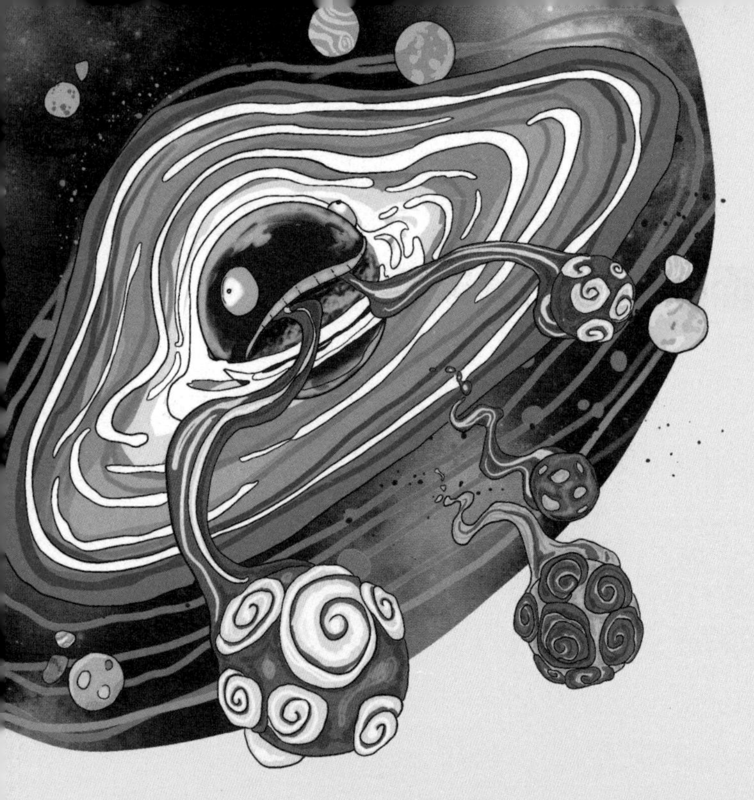

不是死亡，而是新生：黑洞的形成

有科学家说，中子星的诞生过程和黑洞的诞生过程十分相似，在自身重力作用下，恒星的核心迅速收缩、坍塌，以致最后发生猛烈爆炸。直到核心中所有物质都变成中子时，这一收缩过程才宣告完成，被压缩成一个致密星体，同时被压缩的还有内部时空。当恒星核心的质量大到可以让收缩过程无休止地进行时，因自身引力，中子化为粉末，剩下一个密度高得超乎我们想象的物质。由于大质量产生的引力，任何物体想要靠近它，都会被它“毫不留情”地“吞”进去……

双星系统的“小偷”：白矮星

在银河系中，许多星系都有“找朋友”的爱好，它们大多为双星或双星以上的星系。

1975 年 8 月 29 日晚上，日本天文爱好者长田健太郎拿着望远镜扫视星空时发现，北天星座中的天鹅座尾部有一颗从未见过的、正越变越亮并呈现出惊人光彩的星，它的亮度在短短时间里就增强到足以和天鹅座中最亮的星一较高低 。

与此同时,各国天文学家和天文爱好者都发现了这一“新星”现象。

同年，这颗距地球约 6 000 光年的双星系统被标记为“天鹅座 V1500”，由一颗白矮星和一颗距离小而近的红色伴星组成。

白矮星是低质量恒星演化阶段的最终产物。恒星演化后期，大量物质被抛射，质量大量损失后，如果剩下的核质量比钱德拉塞卡极限小，这颗恒星就可能演化成白矮星。

也有科学家指出，白矮星由行星状星云中耗尽核能源的中心星演化而来。白矮星大多由碳和

白矮星

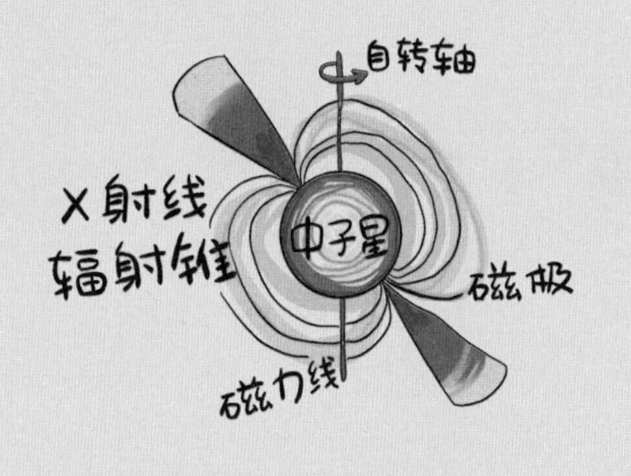

氧组成。

天鹅座 V1500 作为 20 世纪最明亮的新星之一，光度在短时间里增长了 1 亿倍，可见时间也仅持续数天。

虽然这次爆炸极其猛烈，但丝毫不影响双星系统。对于天鹅座新星再次爆发的时间，科学家推测可能在一万年后或更久，就看双星系统的“小偷”——白矮星什么时候从伴星那里“偷”到足够氢啦！

因为在银河系中，每年都有大约 30 颗白矮星“偷盗”伴星的氢而成为新星。在银河系之外的星系中，也有更多新星不断被发现。

最精准的天文时钟：中子星

宇宙是由各式各样的天体组成的，人类利用新发现的小粒子——中子，很好地解释了宇宙中灿烂辉煌的新星和超新星大爆发现象，并提出中子星概念。

中子星是大质量恒星演化到后期，经重力崩溃发生超新星爆炸之后，极有可能成为的少数终点之一。

小朋友可以这么理解，中子星就是质量不足以形成黑洞的恒星，在寿命结束时坍缩成的一种介于黑洞和恒星之间的天体。

在《宇宙大爆炸》一书中，我们知道诡异中子星的个头虽然只有一座小型城市那么大，可质量却是地球的50万倍，它每立方厘米的质量为1 000亿千克之巨。

20世纪70年代，英国科学家在监测太空信号时发现一种很有规则的脉冲式电波。一开始，大家还兴奋地以为这是外星人发射的呢，便将第一批发现的四个射电源命名为“小绿人”。可之后人们发现，这类天体只是自转的中子星，它们因恒星磁场与周围物质作用便发出脉冲射电波，所以就将它们命名为“脉冲星”。

脉冲星自转周期十分稳定，通常为1.6毫秒~ 8.5秒，毫秒脉冲星的自转周期变化率达到10^{-19} ~ 10^{-21}，被科学家们亲切地誉为“最精准的天文时钟”。

脉冲星的发现为人类探索宇宙开辟了新领域，对现代物理学也产生了深远影响，所以，它与类星体、宇宙微波背景辐射和星际分子，并称20世纪天文学“四大发现”。

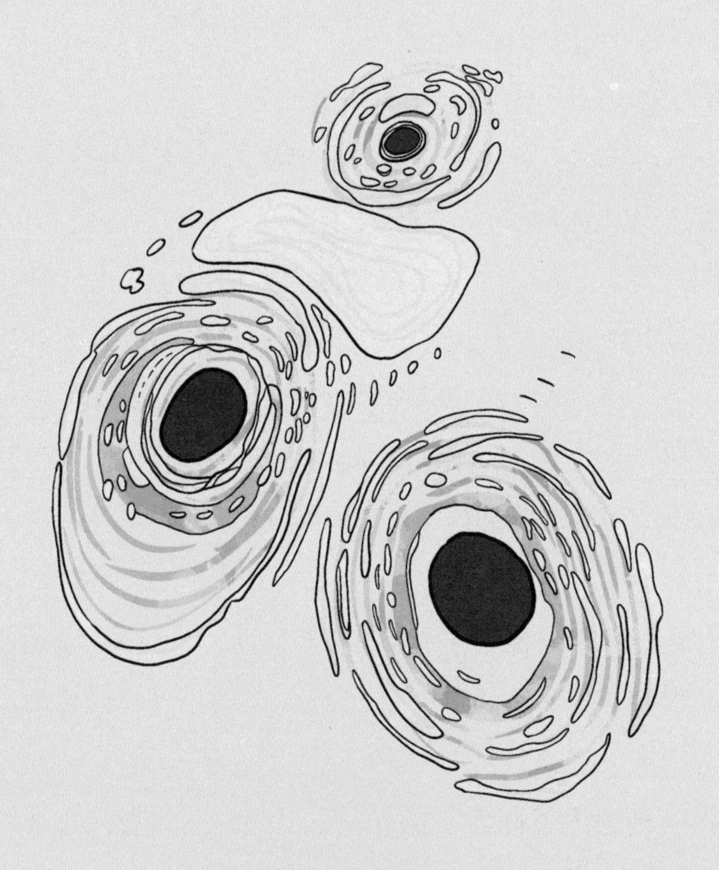

时空弯曲揭露黑洞“隐身”之谜

与别的天体相比，黑洞的特殊之处在于，我们不能直接观察它，即使科学家们也只是对它的内部结构进行猜测。

那小朋友们一定想知道，黑洞能让自己隐身的秘密究竟是什么呢？为什么想看清它的真面目这么难呢？

原来，黑洞能隐身的奥秘就在于时空弯曲。

对于地球而言，因引力场作用不大，时空的弯曲是微乎其微的，不过在黑洞周围，引力场发生了明显变化，时空弯曲非常巨大。

在这种情形下，被黑洞挡住的恒星发出的光即使有一部分被黑洞吞噬，但另一部分则“选择”通过弯曲的时空成功“躲”过黑洞而到达地球。

不过，黑洞虽然能隐身，却不懂得隐藏自己的“小心思”。

当我们观察黑洞背面的星空时，黑洞就像完全不存在似的，它通过这种办法隐藏自己，却也因此将自己暴露出来。

有的恒星朝着地球发出的光可以直接抵达地球，朝别的方向发射的光也有很大可能在附近黑洞的强引力下被折射而到达地球。如此一来，恒星的“脸”“侧面”等各部位在“引力透镜”效应下，都被我们看得清清楚楚。

知识链接

爱因斯坦广义相对论中就曾预言引力透镜现象。它在宇宙学暗物质、暗能量及行星探测等方面都发挥着重要作用。因大质量天体附近的时空会发生畸变，所以光线经过大质量天体附近时会发生弯曲。假如在从观测者到光源的直线上存在大质量天体，那么观测者将看到因光线弯曲而形成的一个或好几个像，这和凸透镜的汇聚效应很相似，所以称为引力透镜现象。

寻觅真相：黑洞到底黑不黑

不会发出任何光辐射的黑洞如幽灵一般神秘。许多星系核心都有一个与周围形成明显反差的黑暗区域，星系中心附近的恒星轨道有极高的速度，这表明这样的星系中心都集中了超大质量，在只比太阳系大一点的空间里就有10亿倍太阳质量的物质集结，而黑洞就是唯一能达到这种密度的天体。黑洞，难道真的如名字中的“黑”字一样很黑吗？事实可不是这样……

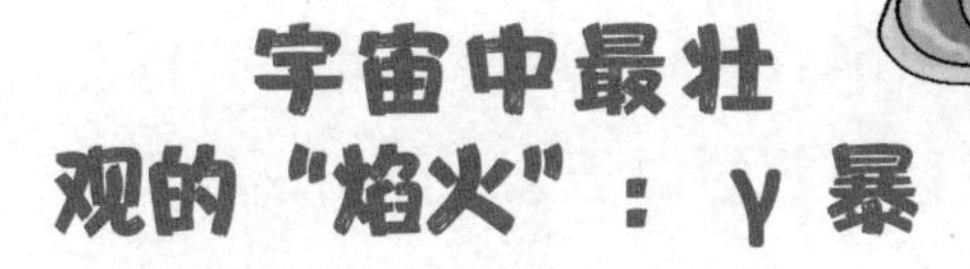

黑洞中之所以有一个“黑”字，是说它像宇宙中的无底洞一般，不管什么物质，一旦进入其中，就再也没有“逃生”的可能。

从某种意义而言，黑洞真正是“黑色”的，没有人能“看见”它的存在。

和白矮星、中子星一样，黑洞也是由质量比太阳质量大好几倍的恒星演变而来的。黑洞的诞生和人类刚出生的小婴儿一样，也伴随着“啼哭”，这场除了宇宙大爆炸以外的猛烈爆炸，堪称宇宙中最壮观的“烟火”。

20 世纪 60 年代，美国为了监测苏联可能进行的秘密实验，发射了一系列探测 γ 光子的“巡逻者”卫星。巧合之下，“巡逻者”卫星却探测到很多不是来自太阳，而是来自宇宙的 γ 射线爆发现象。

这就有趣啦！

天文学研究的新分支竟然来自一次单纯的军事行动。

γ 射线爆发是来自宇宙空间的 γ 射线在短时间里突然增强的现象，在它刚爆发时，能释放出太阳 100 亿年所燃烧的能量，亮度足够照亮全宇宙。

因 γ 射线是最强电磁波，太空中的 γ 射线不能穿透地球大气层低层，因此它只有在太空中才能被探测到。

γ 暴因持续时间长短不一，可分长暴和短暴两种，长可达上千秒，短则几毫秒。长暴一般随着超新星爆发而产生，因超新星爆发时其内部可能形成快速自旋的中子星或黑洞－吸积盘系统。黑洞形成后，会将吸积盘物质吞噬形成喷流，γ 暴也在喷流中产生。

短暴则可能是由于中子星与中子星、中子星与黑洞的合并而触发形成。当两个天体碰撞合并后，短时间里将形成强大的磁场，给天体中的物质赋予极大能量而喷发出去，从而引发 γ 暴。

可怕的黑洞预言

我们知道，黑洞由大质量恒星坍缩形成，因此，它不是天体的墓穴，而是天体的遗体。

在恒星即将死亡时，根据质量大小差异将形成白矮星、中子星和黑洞。这表示，并不是所有恒星死

亡都会形成黑洞，只有质量较大的恒星才有形成黑洞的“资格”。

恒星的死亡就如它们的诞生，在自身重力作用下出现坍塌。恒星诞生之时，坍塌的作用便形成了新的恒星，而在死亡时则成为黑洞。

观察黑洞形成时，相对论让我们明白，每个人的时间观念都不同，因为没有绝对时间。如果有一位航天员和恒星同时向内坍缩，以他的时间观念，每秒发一光波信号到绕着该恒星转动的飞船上。若 10 点时，恒星恰好收缩到它的临界半径，这时的引力场无比强大，任何东西都无法逃逸，光波信号也不例外。那么从 10 点整开始，他飞船中的同伴会发现，航天员发出信号的间隔时间越来越长。因为，按航天员的时间，光波在 9 点 59 分 59 秒和 10 点之间从恒星表面发出，对飞船而言，意味着光波散开到无限长的时间间隔里。之后，恒星的光越来越红，越来越淡，以至于飞船上的人再也看不见它。相同引力作用到飞船上，结果导致飞船绕着一个旋涡场不停旋转。

不过，在恒星还没有坍缩到临界半径前，你将惊悚地发现，宇航员被逐渐扯成意大利面条一样，然后被撕成两半。

永久的“地狱”：事件视界

1965—1970 年间，英国科学家罗杰·彭罗斯和霍金在广义相对论的框架里证明：黑洞中心存在无限大密度和无限空间-时间曲率的奇点。

要定义黑洞，定义奇点是前提。

爱因斯坦用一个橡皮膜比喻：如果一个物体的能量或质量大到一定程度，橡皮膜就会被它刺出一个洞，这个洞极有可能就是奇点。

不管是奇点发出的光还是别的什么信号，都不能被任何留在黑洞之外的观察者发现。这一事实让罗杰·彭罗斯提出宇宙监督假想：

在黑洞中心的奇点处，一切科学定律和我们预言将来的能力都将毫无用处。因引力坍缩产生的奇点只在黑洞这样的地方产生，在此，一切都被事件视界遮住而不被外界发现。

事件视界是一种时空的曲隔界线，也可理解为时间-空间中不能逃逸区域的边界。事件视界之外的观察者不能用任何物理手段得到

事件视界内的任何事件信息，或受到事件视界之内事件的丝毫影响。

在“宇宙之王”霍金眼中，不管是人还是事件，一旦进入事件视界，就好比进入永久的“地狱”，再不会留下只言片语或任何信息，更别妄想被谁观察或记录到。

应该说，黑洞中心奇点和宇宙大爆炸奇点很相似，只不过黑洞奇点是一个坍缩物体和航天员的时间终点罢了。

从这点来说，黑洞是挺“黑”的。

知识链接

史蒂芬·威廉·霍金是英国著名宇宙学家和物理学家，是继牛顿和爱因斯坦之后最伟大的物理学家之一，被大家尊敬地誉为“宇宙之王”。他主要研究宇宙论和黑洞，证明了广义相对论的奇性定理和黑洞面积定理，并提出黑洞蒸发现象和无边界的霍金宇宙模型。在统一爱因斯坦创立的相对论和普朗克创立的量子力学这两大基础物理学方面，霍金做出了重要贡献。

探测黑洞：让看不见的黑洞无所遁形

黑洞，不会发出任何光辐射，除了前文所讲“时空弯曲揭露黑洞隐身之谜”之外，还有什么办法能证明它们的存在呢？有人形容，要找到宇宙中的黑洞，就好比在漆黑的煤窑里寻找一只黑猫。其实只要够大胆，够心细，根据黑洞周围的情况还是能判断它们的存在的……

星星绕着谁“跳舞”

在黑洞附近，远方天体放射的光线会被弯曲，此时的黑洞扮演着引力透镜的角色。

根据爱因斯坦的广义相

对论，来自遥远星系的光线在途经前方星系或黑洞产生的引力场时，会发生扭曲而变为弧形，这种引力透镜现象不但“告诉”我们遥远宇宙或星系的情况，还能让我们得到更多超大质量黑洞的信息。

黑洞引力会对附近天体产生很大影响，通过观测一些天体系统，科学家们发现，因彼此间的引力吸引，两颗恒星进行互绕运动。有时候，双星系统中只能发现一颗恒星，它绕着某颗不可见的“舞伴”做轨道运动。

在很多星系中心，都有超大质量的黑洞。和地球绕太阳转动相似，星系中的恒星也都围在超级黑洞周围。

从 1995 年开始，通过对银河系中心区域附近 90 多颗恒星进行轨迹观测，天文学家们发现：所有恒星都绕着一个黑暗中心进行运动。其中一颗称为 S2 的恒星在 20 年时间里完成一次完整绕行。科学家们根据 S2 运行的轨道数据算出，这个黑暗天体的半径约为 0.002 光年，质量为太阳的 430 万倍。

无疑，如此一个不发光的高密度天体只能是黑洞。

在银河系中，大多数已知黑洞都处于双星系统中。其实，双星系统由两颗恒星组成，它们在引力场的作用下相互吸引，所以才会围绕对方进行运动。在某些情况下，更大的黑洞能残忍地将自己的“伙伴”吞噬。

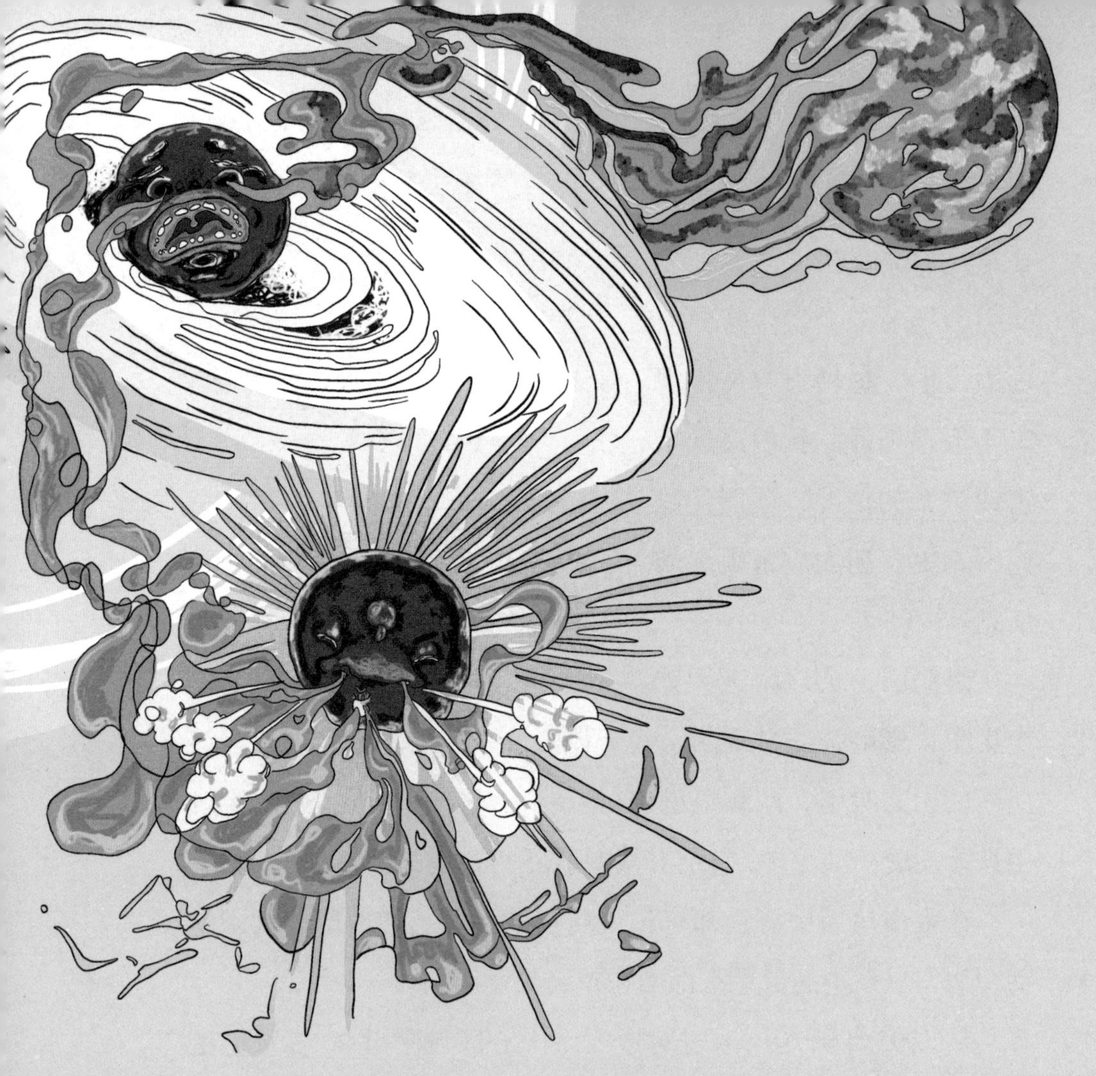

不过，在双星系统中，也不是只有黑洞才能“盗取”物质，像白矮星、中子星等这类密度大、体积小的天体，也能做到这一点。如白矮星就能将“盗取”的物质“储存”起来，并最终引发一次壮观的超新星爆发。

一贪吃就现形

对于任何靠近自己的物质，胃口大得惊人的黑洞都是“来

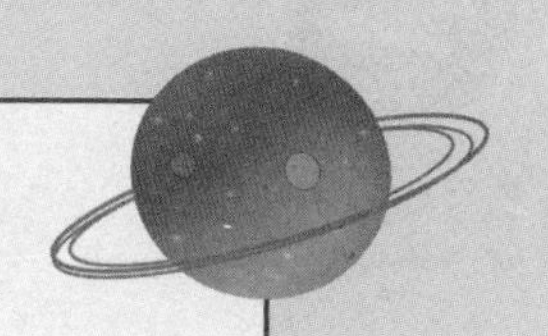

知识链接

引力波是宇宙结构中微小的“涟漪（lián yī）”，大多情况下通过一些让人难以置信的爆炸性事件产生。如黑洞与黑洞的合并、恒星之间的相互碰撞，都会形成引力波。因为黑洞具有神秘性，无法被看到，所以引力波是黑洞产生的唯一一种信号类型。当我们能在两个“无法看到”的天体间的碰撞过程中探测到引力波的存在，那极有可能这两个天体就是黑洞。

者不拒”。

当恒星等物质被黑洞吞噬时，在黑洞强大引力的撕扯下，不管什么物质都会被撕扯为气体，气体在旋转过程中向视界靠近，从而在黑洞视界周围形成不停旋转的气体吸积盘。气体在吸积盘中高速旋转，如此一来，气体间因高速旋转摩擦会有大量热产生，以至吸积盘中心部分的气体温度高得惊人，并伴随

发出极其强烈的辐射。通过勘测这些辐射，很容易推断黑洞是否存在。

双星系统中，除了黑洞外，另一天体是正常恒星，在黑洞大的引力下，正常恒星的物质会被吸引过去，然而，这些物质会率先进入黑洞吸积盘（后面内容将重点介绍）中，有时吸积气体的量过多时，黑洞不能将这些物质全部吞噬，于是就将多余的气体抛射出去，形成看起来超级壮观的喷流（后面将重点介绍）。

因吸积盘和喷流都能产生电磁辐射，所以在地面或太空望远镜的帮助下，科学家们要判断黑洞的存在就轻而易举啦！

聆听宇宙“交响乐”：引力波

10 亿年前，相距地球数百万个星系之遥，2 个约为 30 倍太阳质量的黑洞“相亲相爱”绕着彼此旋转了亿万年。亿万年时间里，它们相互靠近，最后惊天动地地合二为一，在不到一秒的极短瞬间，有 3 个太阳的质量化为引力波的能量向四周辐射，其峰值功率比可观测宇宙中的所有星系发出的总光度还高 10 倍以上。5 万年前，智人成为地球上最主要的人猿时，这一次引力波到达银河系。

那么，什么是引力波呢？

在物理学中，引力波指时空弯曲中的涟漪，以波的形式从辐射源向外传播，这种波以引力辐射的形式传输能量。

1916 年，伟大的爱因斯坦预言引力波的存在。20 多年前，引力波探测器——激光干涉引力波天文台开始建设。

2015 年 9 月 14 日，这阵引力波到达地球，并被科学家成功捕捉。

人类第一次探测到引力波，不仅是黑洞存在的证明，也成为恒星级双黑洞系统存在的明证，更表示人类从此“解锁”一项感知宇宙的新能力——通过时空涟漪倾听宇宙天体弹奏的“交响乐”。

引力波的探测，为我们打开一扇黑洞研究的新窗口。两个黑洞组成的天体系统有时不会产生电磁波被探测到，所以引力波堪称研究双黑洞系统的唯一手段。它能让科学家们对宇宙中双黑洞系统的分布、形成以及演变过程等方面了解得更清楚。

漫漫求索：黑洞的物理性质

自“黑洞”一词出现后，它便无时无刻不牵动着人类的神经。有人预言：黑洞很可能是让宇宙终结的恶魔。也许是出于研究兴趣，也许是源于人们对宇宙毁灭的恐惧，在黑洞研究方面，各国科学家始终不遗余力，以科学严谨的态度，试图探求更多关于黑洞的秘密……

重力场的精确解：史瓦西半径

在物理学和天文学中，尤其在爱因斯坦的广义相对论中，史瓦西半径是一个极其重要的概念。

德国物理学家、天文学家卡尔·史瓦西于1916年第一次发现史瓦西半径的存在，他发现：这个半径是一个球状对称、不自转物体的重力场的精确解。

一个物体的史瓦西半径与它的质量成正比。太阳的史瓦西半径约为3 000米，地球的史瓦西半径只有“少得可怜”的9毫米。

当重力天体的半径比史瓦西半径小时，天体将会坍塌。在史瓦西半径之下的天体，时空弯曲得十分厉害，以至于它发射的不管来自什么方向的射线，都将被吸引到这个天体的中心。

相对论指出，不管什么物质都不能比光速更快，小于史瓦西半径的任何天体物质都会坍塌于中心部分——理论上一个由无限密度组成的重力点。

比史瓦西半径小的天体称为史瓦西黑洞。在不自转的黑洞上，史瓦西半径所形成的球面组成一个视界（自转黑洞的情况不是这样）。在这个球面上，光和粒子都无法逃离。

史瓦西半径可通过下面的公式得出：

$$R_s=2GM/c^2$$

公式中，R_s 为史瓦西半径，G 为万有引力常数，M 为天体质量，c 为光速。

科学家通过观测表明：在很多星系中心，包括银河系，都有大质量黑洞的存在。它们的质量约为数百万个到数百亿个太阳质量。在银河系中心，超大质量黑洞的史瓦西半径约为 780 万千米。

只与质量有关：黑洞温度

因物体具有温度从而辐射电磁波的现象称为热辐射。与有

温度的物体一样，黑洞所对应的温度正比于黑洞视界的引力强度。也可以说，黑洞温度只取决于它的大小。

对史瓦西黑洞而言，温度与质量成反比。

质量与太阳一样的黑洞，其温度简直微乎其微，虽不是零，但小得可怜。黑洞虽并不是完全黑，但绝对不算亮。如果黑洞质量是太阳质量的好几倍，它的温度也只比热力学温度零开高出亿分之一开，对于质量更大的黑洞而言，温度就更低啦！

英国著名宇宙学家霍金通过计算发现：黑洞质量越小，温度越高，辐射越强。对于大质量黑洞，温度越低，蒸发越慢；对于小质量黑洞，温度越高，蒸发越快。

对于温度超高的微黑洞而言，随着蒸发加剧，质量丢失也很快，温度会极速上升；随着温度上升加快，质量丢失也更快。这一过程直到黑洞被摧毁，产生猛烈的爆发才宣告结束。对于处于星系中心的巨型黑洞而言，其蒸发过程远远超出宇宙的年龄，若宇宙寿命足够长，这类黑洞则免不了被蒸发的命运。这个过程无比漫长，它们要蒸发完毕，大约需要 10^{99} 年。

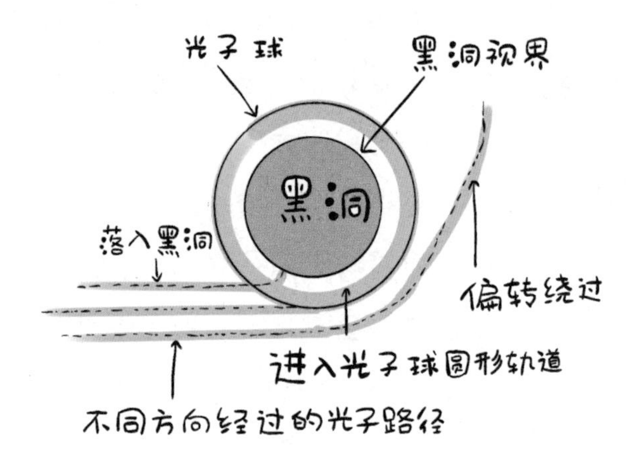

光子球和拖拽圈

光子球是球状边界，零厚度。在这一边界上，黑洞引力所造成的重力加速度恰好让部分光子以圆形轨道绕着黑洞旋转。对于不旋转的黑洞而言，光子球半径约为史瓦西半径的 1.5 倍，这个不稳定轨道会因黑洞成长而有所变化。

黑洞旋转时，会对周围时空产生拖曳现象，这一现象称为参考系拖拽。不过，需要特别注意的是，参考系拖拽圈只有旋转黑洞才有呢！

在时空效应上，黑洞在南北极和在赤道上是不同的，我们可以根据一些神奇的效应来判断出黑洞天体的具体位置。

利用参考系拖拽圈，观测者可以观测进入或脱离黑洞光子的运动，还可通过一些间接方法，如通过粒子含量分布与旋转黑洞的能量拉出过程间接知道引力分布情况，之后根据引力分

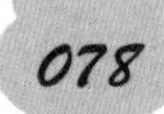

布结果重新建立参考系拖拽圈。

不过，进行这样观测的前提是在双星或双星以上的系统中。

知识链接

通过对黑洞物理性质的研究，科学家们还大胆提出“微型黑洞”这一概念。很多科学家都相信，微型黑洞很可能在 138 亿年前那次大爆炸后最初几毫秒之内形成，但它很快就蒸发了。微型黑洞的质量可与一座大山相媲（pì）美。与别的恒星相比，它的质量简直不值一提，但能拥有这个级别的质量，已经很了不起啦！科学家们指出，宇宙的某些地带，微型黑洞很可能十分普遍，如银河系外边缘处就可能存在许多微型黑洞。黑洞还可能存在于星系内，它们是大型黑洞的“微缩版”，其体积很可能只有一个原子大小。

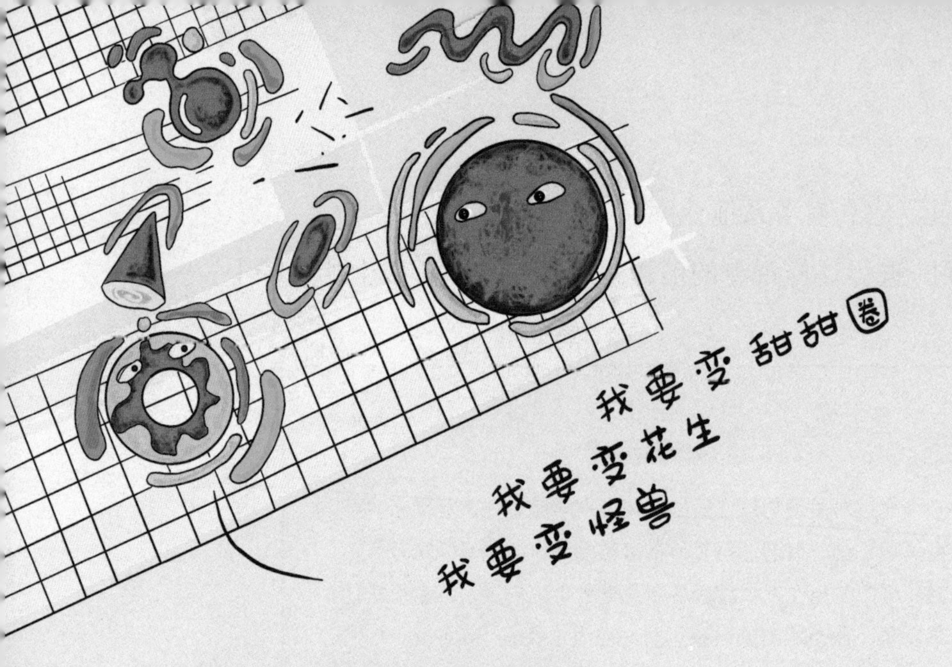

疑点重重：黑洞的奇怪“行为”

对于黑洞这一诡异天体的探索，人类一直不曾停止前进的步伐。黑洞是什么形状？它会不会变大变小？黑洞也有熵吗？黑洞有“记忆”吗？黑洞“无毛定理”是指什么呢？热力学四定律对黑洞是不是也适用？……重重谜团久久困扰着科学界，大家都对真相水落石出的那天翘首以盼。

变？不变？黑洞形状也“调皮”

小朋友们一定和科学家一样好奇：黑洞是完美的圆形呢，

还是和我们的地球一样呈椭圆形呢？

以前，科学家们认为，形成黑洞恒星的所有细节和特征决定黑洞的最终状态。黑洞形状可能很“调皮”，不断变来变去。

呀！那就是说，黑洞有可能形态不一，一会儿圆形，一会儿椭圆形，一会儿方形。为了找出问题的答案，1967 年，加拿大科学家外奈 · 伊斯雷尔在一篇论文中表明：任何无自转的黑洞都呈完美的球形，其质量决定其大小，任意两个相同质量的黑洞一定等同。

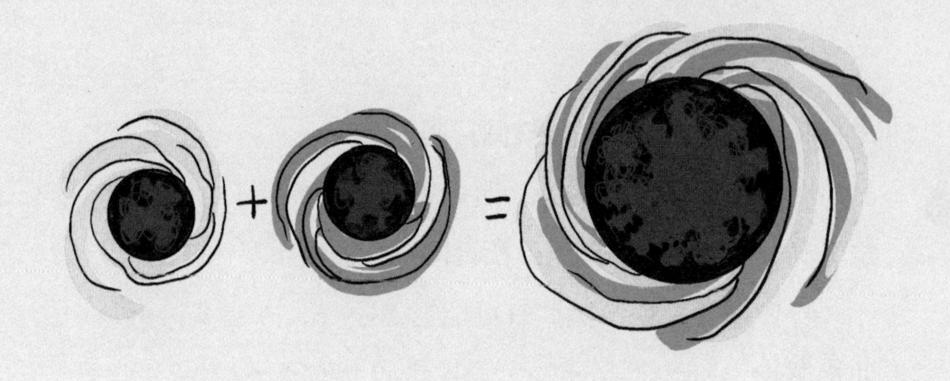

不过，任何天体都很难保证是完美的圆球形啊！黑洞当然也不可能是圆形。之后，英国科学家罗杰·彭罗斯和美国科学家约翰·惠勒这么解释：

黑洞行为和液体球相似。最初，一个天体一开始并不是完美的圆球形，但随着它的坍缩并形成黑洞，在引力波发射过程中，天体慢慢平静，最后形成圆球状态。

这一观点得到科学详细的计算支持，并被人们普遍接受。

小朋友一定会问，那有自转的黑洞形状又是什么样的呢？在自转效应下，有自转但并不是由完美球形天体形成的黑洞在赤道周围会有一些隆起。

新西兰人罗伊·克尔于 1963 年发现广义相对论的黑洞解。“克尔黑洞”的形状和大小只取决于它们的自转速率和质量。如果自转速率为零，黑洞就是完美的球形；如果有自转，黑洞便在赤道附近向外隆起。

不“变小”的黑洞

科学界在很长一段时间内都有一个问题悬而未决：时空中，

哪些点位于某一黑洞之内，哪些点位于黑洞之外呢？

霍金也同样被这一问题困扰。当时，他和朋友彭罗斯曾这样定义黑洞：黑洞为时间的某种集合，光线绝不可能逸出一大段距离。也就是说，黑洞边界（事件视界）刚好是由无法摆脱黑洞的那些光线所组成的。

霍金想到，这些光线的路径一定不能互相靠近，一旦靠近，就会“撞个满怀”，也可理解为，两条光线在这种情况下无可避免都会落入黑洞。如果光线被黑洞吞噬，那表示它们不可能在黑洞边界待过。所以，霍金推测，在事件视界上的光线路径永远互相平行或相互远离。

假如从黑洞边界来的光线永不靠近，那么黑洞边界的面积保持不变或随时间增大，但不会减小，一旦有物质或辐射落入黑洞，面积一定增加。

当两个黑洞“合二为一”，这一新形成的黑洞边界面积将大于或等于原来黑洞面积的总和，也就是说，黑洞不会变小。

霍金这一发现得到彭罗斯的肯

定，两人得出最终结论：黑洞只要处于稳恒状态或不再活动，其边界与面积都应该是一样的。

黑洞“无毛定理”

美国普林斯顿大学研究生雅各布·贝肯斯于 1972 年提出著名的黑洞“无毛定理”：当星体坍缩成黑洞，其最终性质由质量、角动量、电荷这三个物理量确定。即，除了这“三根毛”外，静态黑洞的其他“毛发”都消失了，也有人戏谑地称之为“三毛”定理。

这一定理告诉我们：黑洞与引力坍缩前的物质种类、物体形状没有关系。引力坍缩丢失全部信息，黑洞形成前的任何复杂信息都不可能被知晓，我们知道的只能是黑洞的最终质量、

电荷量和旋转速度。

在物理学家看来，不管是一块简单的饼干还是一个“吞噬一切”的黑洞，它们都是极为复杂的物体。要对它们进行详细完整的描述，既包括它们的原子和原子核结构在内的描述，还需要有亿万个参量。但对一个研究黑洞外部的物理学家来说，完全不用顾虑这么多。在他们眼里，黑洞极其简单，只要知道了它的质量、角动量和电荷，那么有关它的一切也就都知道啦！

当然，在借助理想实验的前提下，黑洞的参量完全可以精确测量出来。如可以将一颗卫星放在围绕黑洞的轨道上，再对卫星的轨道周期进行测量，那么黑洞的质量也就知道了。通过比较朝向视界不同部分光线的偏转，我们就能得知黑洞的角动量。

完全可以这么理解：当两个黑洞的质量、电荷和角动量都相同时，这两个黑洞的量度也是完全一样的。

黑洞的热力学表现

根据黑洞“无毛定理”可知，静止能、电势能和转动动能之间存在相互转化的关系，这和同样表达能量守恒的热力学第一定律很类似，人们便称其为黑洞力学第一定律。

在热力学中，并非所有满足能量守恒的过程都能实现，只有同时满足“封闭系统的熵不能减少”这一条件的才可实现。

“熵”这一物理量，用来测量一个系统的无序程度。熵增原理与能量守恒定律的地位同等重要，只要忽略熵增原理，无一例外都会失败。因此，黑洞必须有熵。贝肯斯指出：黑洞表面积与熵含量成正比。

热力学第三定律指出：不能通过有限次操作将温度降到零开。因此，黑洞力学第三定律内容为：不能通过有限次操作将一个非极端黑洞转变为极端黑洞。

在热力学中，如果 A、B 两物体达到热平衡，B、C 两物体达到热平衡，那么 A、C 也一定达到热平衡，这叫第零定律。

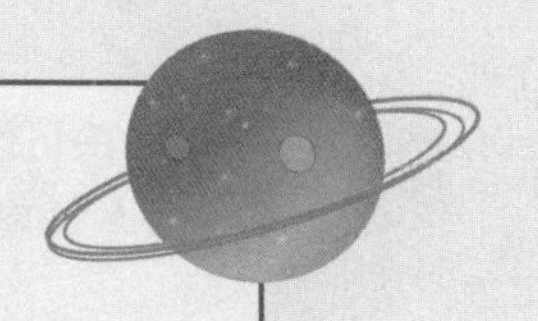

知识链接

熵增定律是指：把热从低温物体传到高温物体而不产生其他影响几乎不可能，或不可逆过程中，熵的微增量总是大于零。这一定律表明，自然过程中，一个孤立系统的总稳定度、总混乱度（熵）不会减小。热力学第二定律又叫熵定律。

据推测，第零定律同样适用于黑洞。在已证明稳态黑洞表面引力是常数的前提下，这一结论叫黑洞力学第零定律。

若将黑洞表面引力看作温度，黑洞应该存在热辐射，但黑洞向来“只进不出”，不存在热辐射，因此霍金等人认为，黑洞温度不等于真正温度，所以这也是这一定律没有被称为黑洞力学定律的原因。

1974年，霍金发现黑洞存在热辐射，这标志着热力学四定律对黑洞同样适用。

叹为观止：黑洞的演化过程

科学家们一直想知道，黑洞是经过什么途径发展到现在的状态的。在黑洞的演化过程中，它们都有什么表现呢？所有的黑洞都那么“贪吃”吗？对于黑洞的最终状态，会如霍金预言的那样是发生爆炸吗？让我们一起了解黑洞极其壮观的一生吧！

吸积作用暴露黑洞的存在

很多时候，黑洞都是通过聚集在它周围的气体产生辐射而

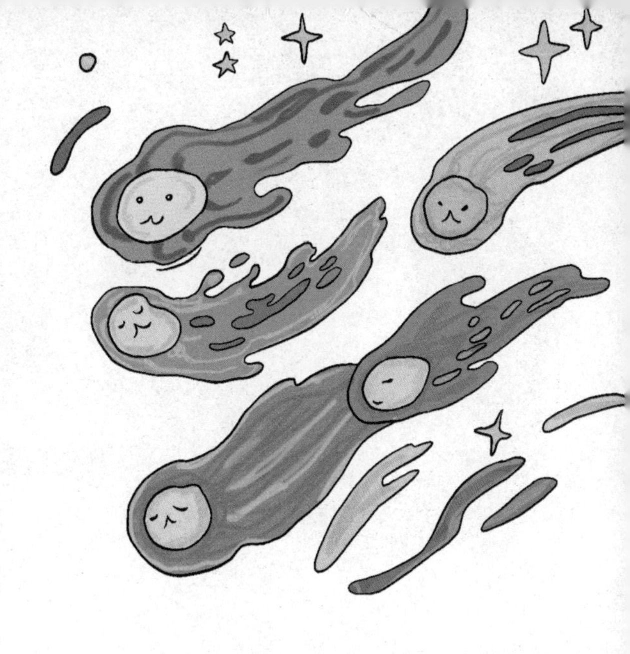

进入大家的视线的，这一聚集过程就是吸积。高温气体辐射热能的效率将对吸积流的特性产生严重影响。

到现在为止，科学家们已经观测到辐射效率极低的厚盘和辐射效率较高的薄盘。吸积气体接近于中央黑洞时，这一过程产生的辐射对黑洞的自转和事件视界的存在超级敏感。通过对吸积黑洞光度和光谱进行分析，就能判断旋转黑洞和事件视界是否存在。

在天体物理中，吸积是很普遍的过程。我们周围许多司空见惯的结构也是因为吸积才得以形成。

恒星也是由气体云在自身引力作用下坍缩破裂，从而通过吸积周围气体而形成的。我们生活的地球也是在新形成的恒星四周通过岩石和气体的聚集而形成的。

需要注意的是，当中央天体是黑洞的时候，吸积就变得极其壮观。数据模拟显示，吸积黑洞经常伴有相对性喷流。

“我”也很“慷慨”：喷流

黑洞，对于所有靠近自己的物质照单全收，这个“大胃王”以贪婪闻名于世。可是，也有的黑洞并不“贪心”，它们将其

中一部分物质，以很高的速度抛向宇宙空间，有的黑洞甚至将90%以上的吸积物质又“还”给宇宙，这就是喷流。

喷流表明，黑洞还是挺“大方”的嘛！

不同尺度的天体中都被发现有喷流现象，如超大质量黑洞天体以及双中子合并导致的 γ 射线暴等。

科学家们认为，吸积黑洞经常出现的相对性喷流来自一些射电星系、活动星系或类星体中心强度很强的等离子体喷流，长度达几千或数十万光年不等。

相对性喷流是目前已知速度最快的天体之一，它形成的直接原因是，中心星体吸积盘表面磁场沿星体自转轴方向扭曲并同时向外发射，当条件达到时，在吸积盘两个表面都形成向外发射的喷流，这也是解释 γ 射线暴成因的重要因素。

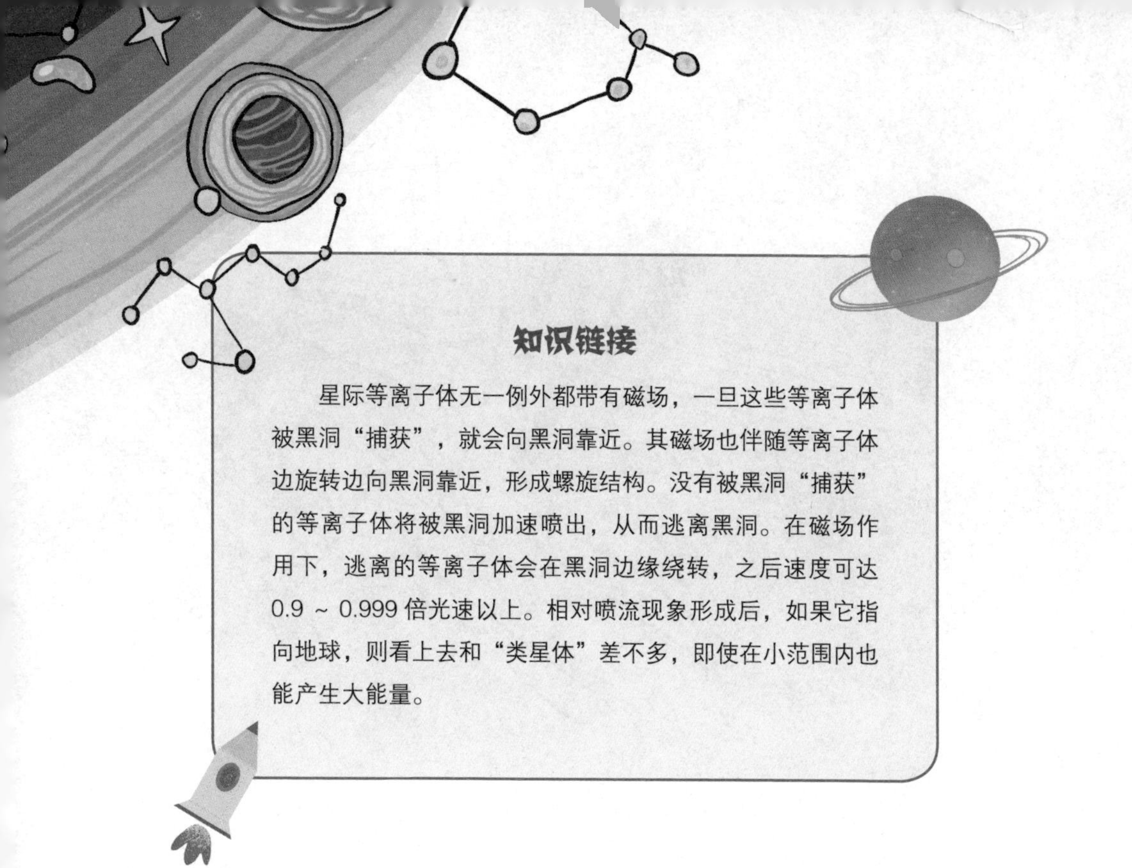

知识链接

星际等离子体无一例外都带有磁场，一旦这些等离子体被黑洞“捕获”，就会向黑洞靠近。其磁场也伴随等离子体边旋转边向黑洞靠近，形成螺旋结构。没有被黑洞“捕获”的等离子体将被黑洞加速喷出，从而逃离黑洞。在磁场作用下，逃离的等离子体会在黑洞边缘绕转，之后速度可达0.9 ~ 0.999倍光速以上。相对喷流现象形成后，如果它指向地球，则看上去和“类星体”差不多，即使在小范围内也能产生大能量。

黑洞的终极命运

我们知道，要成为黑洞的前提是，质量和密度要无限大，体积要无限小，但现在人们所知的黑洞都是恒星“死亡”后形成的天体，质量虽大，体积却很小。

那么，黑洞会永远存在吗？

因黑洞无限吸积，总有一些“不安分”的质子逃脱黑洞的“枷锁”，天长日久，黑洞也会慢慢蒸发或爆炸。因此，黑洞也有末日。

利用天文望远镜，科学家可看到黑洞爆炸的情景。它爆炸时的尘埃是恒星形成的重要物质，这也成为太阳系形成机制的一个解释。

1974 年，霍金做出一个让整个科学界为之震惊的预言：黑洞会爆炸。他认为，黑洞周围的引力场释放能量的同时，也消

耗黑洞的质量和能量。能量的损失直接导致质量的损失，一旦出现黑洞质量越来越小的情况，黑洞温度便越来越高。如此一来，黑洞损失质量的同时，其温度和发射率增加，导致黑洞的质量将以极快的速度损失。对大多数黑洞而言，这种“霍金辐射”微乎其微，因为大黑洞辐射能量的速度较慢，小黑洞辐射能量的速度极快，直到黑洞爆炸。

这也是湮灭的表现形式之一。

在宇宙空间中，有看不见摸不着的“反物质世界”存在，和我们周围世界的基本属性刚好相反。反物质外有正电子环绕，其原子核由反质子和反中子组成“负核”，反物质与“正物质”一经接触，就会在瞬间爆炸，我们把这称为湮灭现象。

“恶魔”质量各不同：不同类型的黑洞

目前我们所研究的黑洞，大都按照它的质量大小来分类，其标准都是黑洞有多少太阳质量：3 ~ 20 个太阳质量是恒星级黑洞；6 ~ 80 个太阳质量为强活跃度黑洞；100 ~ 1 000 个太阳质量的黑洞为中等质量黑洞，又称黑洞沙漠；百万到百亿个太阳质量为星系级黑洞，又称巨型黑洞。

3 ~ 20 个太阳质量的恒星级黑洞

由一颗辐射 X 射线的致密天体和一颗普通恒星组成的双星系统，我们称为 X 射线双星。其中的致密天体极有可能是中子星、白矮星和黑洞。如果其中的致密天体为黑洞，我们就称其为黑洞 X 射线双星。

那么，要怎么判断其中的致密天体是否为黑洞呢？

在 X 射线双星中，核心处的致密天体在吸积伴星的物质时，会形成吸积盘，对恒星级的黑洞而言，吸积盘内的温度高得吓人，其辐射也集中在 X

射线波段。因此，从这一波段发现它们就轻而易举啦！

20 世纪 60 年代时，科学家们用 X 射线观测到，天鹅座 X–1 的 X 射线源极其强烈。它的伴星是一颗质量约为 20 个太阳质量的超巨星，轨道周期大约为 5.6 天，速度约为 70 千米 / 秒。通过计算发现，X 射线源最小质量远远超过中子星和白矮星的质量上限，约为 5 ~ 10 个太阳质量。所以，据此判断它极可能就是黑洞。1972 年，这一推测得到证实。

目前，科学家们已经在银河系内发现几十颗大小为 5 ~ 20 个太阳质量的黑洞 X 射线双星候选体。毫无疑问，一定还有更多沉睡的黑洞等着我们发现呢！

6 ~ 80 个太阳质量的双黑洞

美国激光干涉引力波天文台于 2016 年 2 月 11 日高调宣称：人类首次发现引力波。引力波的存在让爱因斯坦的预言成为现实。科学家们通过引力波天文台已经成功探测到 10 次因双黑洞合并产生的引力波信号和一起双中子星合并事件。

激光干涉引力波天文台于 2019 年 4 月 1 日升级后重新开机，第三轮引力波探测宣告启动。经过此次升级，其灵敏度相比之前大大提高。

与此同时，启动探测计划的还有欧洲引力波探测器。毫无悬念，在更多引力波探测器的“神助攻”之下，一定会有更多黑洞合并事件被探测到。很有可能，以前没有看到过的黑洞和中子星合并所发出的引力波也将被我们“捕获”。

前两轮的探测结果表明：双黑洞质量为 6 ~ 40 个太阳质量，

但经合并后形成的黑洞质量为 10 ~ 80 个太阳质量。

这可远远超出以前人们根据 X 射线双星得到的黑洞质量呢!

百万到百亿个太阳质量的巨型黑洞

20 世纪 60 年代，类星体跻身天文四大发现之一。类星体是一种看上去很像恒星、十分致密的星体，它远离我们的速度甚至达到 0.7 倍光速，距离地球可达 100 亿光年以上，单位时间内的能量也远远超过普通星系的光度。

天文学家们十分困惑：为什么这么小的体积，却能连续发出这么强的辐射呢？这种强辐射一定不是来自普通星系类的恒星发光。

之后，天文学家们逐渐意识到，这种星系中心极有可能有巨型黑洞存在，质量为 10^6 ~ 10^{10} 个太阳质量。黑洞周围有一个以极高速度旋转的吸积盘环绕，部分物质的引力能通过吸积盘变为热能并随之辐射出去。

不止类星体，所有星系中心都可能有这样一个巨型黑洞存在。从星系演化这一角度而言，星系造就其中心的巨型黑洞，也可以说，中心黑洞对整个星系乃至整个宇宙的演化都有重要影响。

银河系中心就有一个巨型黑洞存在，其质量为 400 万个太阳质量。黑洞四周，没有被“吞噬”的恒星会在黑洞的“助力”下加速，这一现象也成为判断黑洞存在的证据。

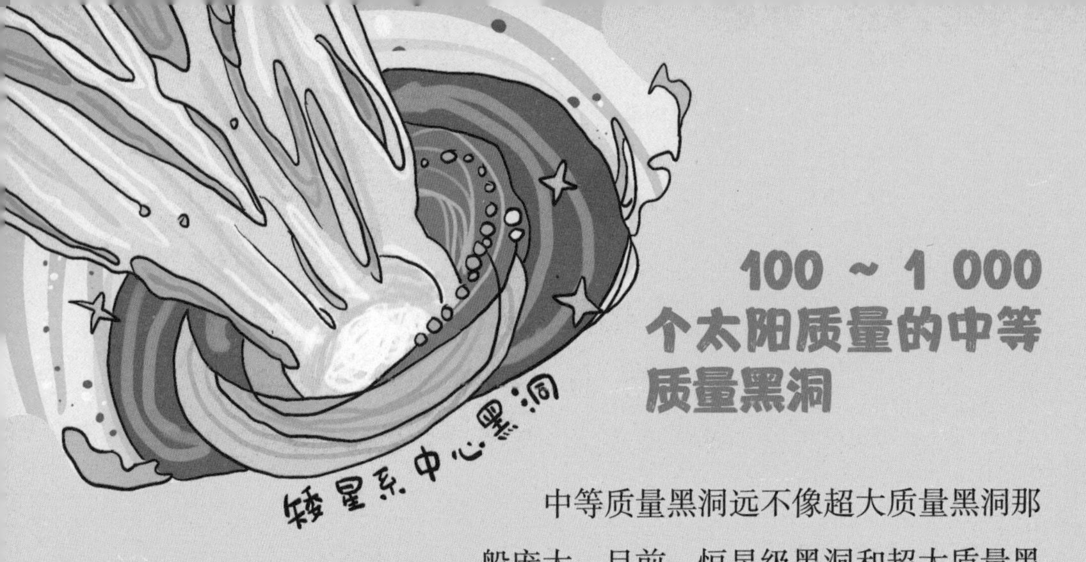

100 ~ 1 000 个太阳质量的中等质量黑洞

中等质量黑洞远不像超大质量黑洞那般庞大。目前，恒星级黑洞和超大质量黑洞都已经被观测到并得到证实，只有中等质量黑洞的观测数据显得少之又少。

对于 100 ~ 1 000 个太阳质量的中等质量黑洞而言，大家的认可度并不高，初步候选体为：矮星系中心黑洞。因黑洞质量和星系核球质量之间有较强的联系，所以中等质量黑洞极有可能在中小星系中被发现。不过，这一类矮星系并没有经历主要合并过程，所以说它们还没有长大。

还有一类候选体为很亮或超亮 X 射线源，这类源大多位于星系的中心位置，其光度超过或远远超过恒星级黑洞的光度。ESO249-49 星系边缘的 HLX-1 就是一个超亮的 X 射线源，通过测算表明，其中心黑洞质量为 10^4 ~ 10^5 个太阳质量。

除此之外，科学家们还认为球状星团中也有中等质量黑洞存在，虽然他们想尽办法寻找，但都没有取得满意的结果。

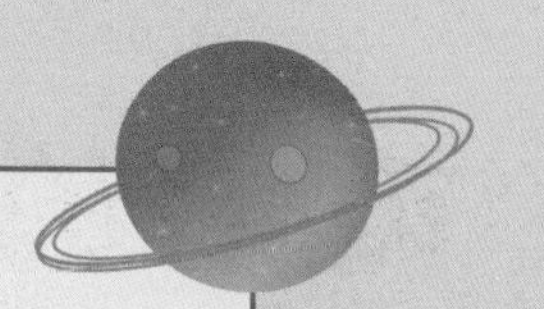

知识链接

太阳系中，太阳是质量最大的天体。但是天文学家们相信：太阳可能永远不会转变成一个黑洞，因为它的质量对于形成黑洞需要的质量而言，还是太小了。在天文学家们看来，太阳在接近寿命尾声的时候，会不断坍缩。对于太阳这样质量较小的恒星来说，它们的最外层会慢慢消失，在燃料消耗殆尽之时，演变为一个发光球体——白矮星。据估计，50亿年后，太阳会坍缩成白矮星。最后，它的核心完全停止生产能量，从而变成一颗黑矮星。

可怕的“命运”：黑洞候选星

通过对黑洞演化过程的介绍，我们知道黑洞要经历吸积、喷流与毁灭等一系列过程，那就一定有一些星体要经过这些流程来形成黑洞。那么，宇宙中有哪些星体有可能面临这种可怕的“命运”，最后变成“吞噬”一切的“大胃王”呢？

人马座 A*：银河系超重黑洞候选天体

人马座 A* 是位于银河系中心的一个大约每 11 分钟旋转一圈的、极其光亮且极其致密的无线电波源。人马座 A* 是人马座 A 的一部分，据科学家推测，人马座 A* 有很大可能是离我们最近的超重黑洞的所在。因此，它成为研究黑洞性质的最佳对象。

多年前，人类就已经开始观测人马座 A*。一开始，科学家发现，星体 S_2 绕人马座 A* 进行椭圆运动，其轨道半长轴为 9.50×10^2 天文单位（地球公转轨道半径为 1 天文单位），人马座 A* 就位于该椭圆的一个焦点之上。

观测结果显示：S_2 星的运行周期为 15.2 年。千万别小看这个数字呢，因为冥王星距离太阳最近 30 天文单位，最远 48 天文单位，而冥王星需要 240 年的公转周期。

这表示：天体 S_2 以光速 3% 的速度绕着一个超出我们想象的大质量物体公转。据测算，人马座 A* 的质量为 410 万个太阳质量，体积半径小于 45 天文单位。

小朋友不妨这么理解，在至少小于太阳系的空间内，同时容纳了 410 万个太阳。拥有这么大“本事”的，除了黑洞，还能有谁呢？

根据太空望远镜显示，人马座 A* 紧紧依靠在一对超大射的电瓣状的、由超大质量黑洞喷射的气体烟雾区里，这一区域的 γ 射线输出量比射电输出量的 10 倍还多，可将之称为“γ

射线星系”。

迄今为止，人马座 A* 星系是我们探测到的第一个有宇宙射电来源的星系，其重要性不言而喻。

1965 年，天鹅座 X–1 被发现。它被公认为第一个被发现的黑洞候选天体，是一个位于天鹅座方向的 X 射线源。

天鹅座 X–1 是一个高质量的 X 射线双星系统，由一颗蓝巨星和一颗致密星组成。致密星名为 HDE 226868。蓝巨星的质量为 20 ~ 40 倍太阳质量，致密星则为 21 倍太阳质量。致密星是黑洞、中子星、白矮星、奇特星等一类致密天体的总称，因为中子星的最大质量不超过 3 倍太阳质量，所以大家都认为这一致密星是黑洞。

黑洞总是充满“饥饿感”，在强大的引力下，它总是将气体或其他物质从旁边的恒星那里“拽”过来，该黑洞也不例外。它总是“喜欢”从邻近轨道运行的超级恒星中吸取气体，向内释放巨大热量，同时喷射出能量极高的 X 射线和 γ 射线。

X 射线自双星系统内的吸积盘中产生，随之在吸积盘内发生散射，最后被向外反射。利用观测到的 X 射线源，科学家们能研究几百万摄氏度炽热气体的天文现象，不过，因地球大气层对 X 射线有遮挡，这就要求必须将天文仪器运送到 X 射线能

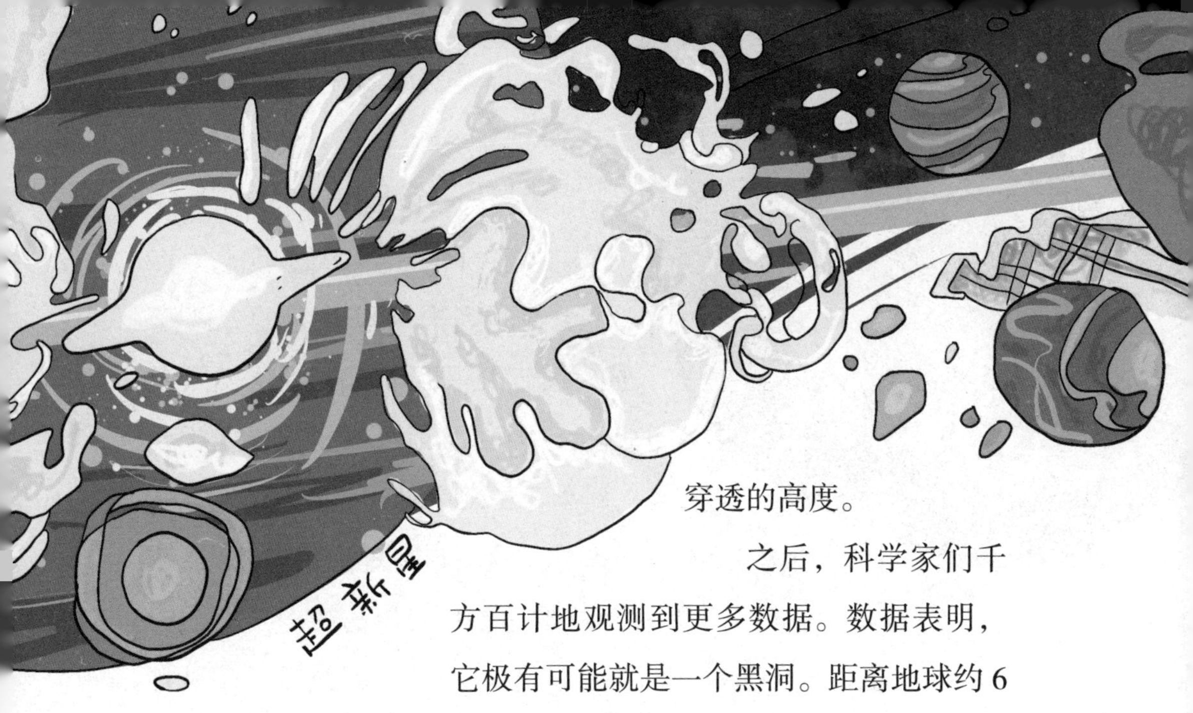

穿透的高度。

之后，科学家们千方百计地观测到更多数据。数据表明，它极有可能就是一个黑洞。距离地球约 6 000 光年的天鹅座 X-1，作为人类发现的第一个黑洞候选天体，堪称天空中持续最久的强力 X 射线源。

SN 1979C：地球的近邻

1979 年 4 月，美国天文爱好者古斯 · 约翰逊发现一颗由 20 倍太阳体积的恒星坍缩而成的天体 SN 1979C（SN 表示超新星）。当时，它是我们直接从地面观测到的银河系外的第三颗超新星。应该说，距离地球约 5 000 万光年的 SN 1979C 相对于浩瀚的宇宙而言，可认为是地球的近邻。

那时，已经有很多黑洞被发现，这些黑洞大多以 γ 射线暴的形式被探测到。但属于超新星的 SN 1979C 与众不同，它看

起来与 γ 射线暴有很大不同。

有科学家说：这可能是首次观测到黑洞以普通的方式形成。我们几乎很难探测到这类黑洞的诞生，因为 X 射线观察往往需要数十年。此外，SN 1979C 也和“黑洞的可观察年龄只要 30 年”这一最新理论相吻合。

2005 年，有理论认为，从这颗超新星发出的明亮光正是从黑洞喷射而出的，黑洞无法穿过氢气层形成 γ 射线暴。经观测发现，其观察结果与理论完全符合。

2010 年 11 月，在钱德拉 X 射线望远镜的帮助下，一个只有 31 岁的年轻黑洞进入天文学家们的视野，这个黑洞被认为是 SN 1979C 的残余。这为科学家们提供了一个观察黑洞怎么从“婴儿期”向前发展的良好机会。

新证据显示：SN 1979C 很可能正在形成新的黑洞，但也不排除别的可能。事实的真相究竟如何，还有待我们进一步探索。

M87：黑洞的第一张照片

2019 年 4 月 10 日，事件视界望远镜项目组织向全世界同步发布了人类史上首张黑洞照片。这张照片中的黑洞质量高达太阳的 65 亿倍，距地球 5 500 万光年，位于室女座一个巨型椭圆星系 M87 的中心。

这张照片中的核心区域有一个阴影，周围有新月状光环环绕。M87 中心超大质量黑洞简直就是黑洞研究对象的首选。它质量巨大,与地球的距离相对较近。此外,这个黑洞超级狂野——疯狂“吞噬”物质，并产生惊人的闪光和喷流。

美国天文学家希伯·柯蒂斯早在 1918 年就注意到 M87 中心向外延伸出一道奇特射线，当时，他用“古怪的直线光束”来描述这一现象。

其实，这是 M87 中心黑洞在疯狂“吞噬”物质时形成的吸积盘向外爆发的高能等离子喷流。1999 年，从哈勃太空望远镜拍摄的图片中，科学家们得出 M87 喷流的运动速度是光速的 4 ~ 6 倍，而且它从 M87 的核心向外延伸了至少 5 000 光年，并在多个波段产生明亮闪光的结论。

M87 中央区域有近 13 亿颗恒星聚集，所以科学家们觉得，那里存在一个质量约为 30 亿个太阳质量的巨大黑洞。后来科学家们发现，从核心处喷射的高速电子和粒子就是黑洞作用的产物，其黑洞质量为太阳的 65 亿倍。

拍摄这张照片的望远镜阵列堪称前所未有，调动了世界各地的 8 个独立射电望远镜。从 2017 年 4 月起，8 台射电望远镜“紧锁”目标黑洞，共观测 5 夜后，科学家才将望远镜提供的充满干扰的散乱数据生成最终照片。

横空出世的“假想”天体：白洞

在科学家们看来，黑洞作为事物发展的一个终极，将导致另一个终极——白洞。按照广义相对论的预言，白洞是一种与黑洞相反的“假想天体”。到目前为止，没有任何证据证明白洞的存在，它仅仅是理论中预言的天体。因为既不能像黑洞那样被认可，也不能被完全否定，所以白洞变得更加扑朔（shuò）迷离。

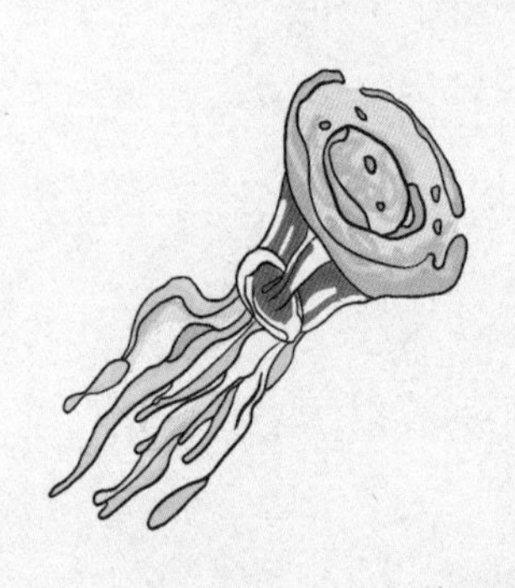

离奇的想法：白洞

20世纪60年代之后，随着空间探测技术日新月异的发展，许多高能天体物理现象被科学家们陆续发现，如宇宙 γ 射线暴、超新星爆发、类星体以及脉冲星等。用已知的物理学知识根本无法解释这些高能物理现象。如，类星体体积与普通恒星相差无几，但亮度却是普通星系的几万倍。科学家们觉得，类星体极具“个性范儿”，极有可能是一种不同于任何天体的奇怪天体。

为了解释类星体，有各种各样的理论模型被提出来，苏联数学家诺维柯夫和以色列的尼耶曼就提出白洞模型。

就这样，白洞模型横空出世。

很多人觉得，白洞就是黑洞的反演，如果说黑洞是从有到无，白洞就应该从无到有。黑洞白洞之间有三维以上的一个通道，从黑洞进去，从白洞出来。

考虑到这些物质从黑洞那边被吸入时有极高的速度，那么

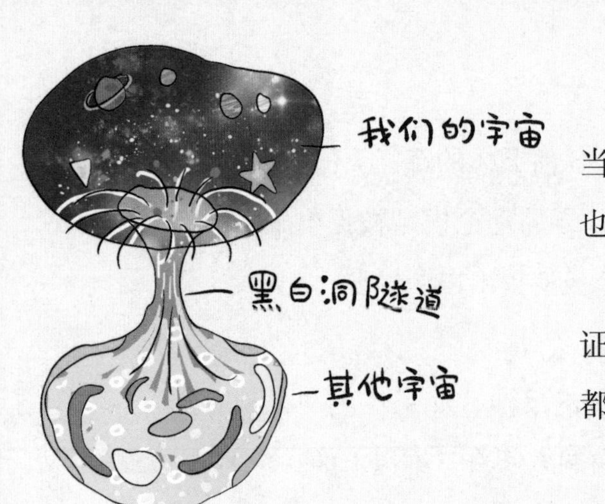

当它们被从白洞喷发出来的时候也应该具备同样高的速度。

科学家们进行过很多工作来证明这种离奇的想法，遗憾的是都没有取得满意的成果。

小朋友们可以这样理解白洞的定义：白洞的性质和黑洞完全相反，所以叫作白洞；在黑洞强大的引力下，连光也无法“逃逸”，但白洞连光也不“稀罕”，光会被它排斥掉，所以它总是呈现白色。

只“奉献”不“索取”：白洞的性质

天文学界和物理学界都一致认为，白洞是一种超高致密的天体，它的性质与黑洞截然相反。作为宇宙的喷射源，虽然可以向外部区域提供物质和能量，却不能吸收来自外部区域的任何物质和辐射，所以，它是一个只“奉献”不“索取”的特殊天体。

一些高能天体现象都可用白洞理论来解释。

有科学家认为，类星体的核心极有可能是一个白洞。一旦白洞内的超密态物质向外喷射，其周围的物质便与之发生强烈碰撞，巨大能量也因此得以释放。所以，白洞这种性质很可能与宇宙线、射电爆发、射电双源等现象有很大关系。

白洞也是一个强力源，它的外部引力性质和黑洞完全一样。不管黑洞还是白洞，都有一个封闭的“视界”。但是，白洞和

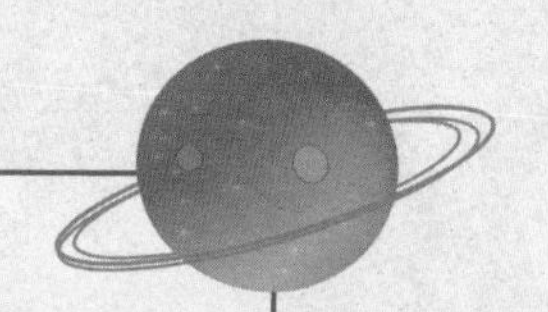

知识链接

几乎所有来自类星体的光都产生于上百亿年之前，科学家们深信：研究类星体，就能得知更多宇宙早期历史的秘密，也能让我们更加了解宇宙的整个演化过程。不过，类星体距离地球十分遥远，但它的亮度又如此之高，就像一个“闪光灯”一样，照亮它们与地球之间的一切。所以，研究类星体也有助于科学家们掌握更多宇宙中司空见惯的尘埃、气体或更多天体的线索。

黑洞不同，在这一封闭“视界”，白洞对外界的斥力无穷大，哪怕是光向白洞的奇点直直地冲过去，它也一定会在这一视界戛然而止，丝毫不能进入白洞。

科学家们一开始推测，白洞也能按是否旋转或带有电荷进行分类，可在白洞无穷大斥力的迫使下，电荷很快就被“驱赶出界”，应该不带任何电荷，旋转就更不可能啦！

对于这一“假想”天体，还有一个无

法用科学解释的难题：如果白洞只“奉献”——向外喷射物质和能量，不“索取”——不吸收任何物质，即使它质量再大，物质也很快就会消耗殆尽，那它到底怎么“生存”呢？

白洞诞生之谜

1970年，天体物理学家捷尔明提出，白洞很可能存在于类星体或剧烈活动的星系中。不过这一观点并没有得到大家的认可。

也有人认为，因宇宙物体总是进行剧烈运动，或部分星系喷出高能小物体，它们都遵守开普勒轨道运动。这种推测十分理想化，可简单理解为，一个地方有好几个白洞，绕着星系核心互相旋转，之后喷发物质演化成新星系。照这样的说法，白洞极有可能是由分裂而形成的新星系。

科学家们认为，宇宙中黑洞和白洞同时存在，并不矛盾，它们只是过程的两个端点罢了。黑洞奇点是物质末期坍缩的终结，白洞物质的起点是星系的开始，其过程先后交错，并不同时进行。

对于白洞的起源，有一种看法比较流行：白洞来源于整个宇宙大爆炸，发生超密态爆炸时，因不均匀性，被抛出后的部分超密态物质仍处于奇点状态，在“等待”一定的时间后这部分物质才开始膨胀和爆发，并形成新的局部膨胀核心。有些核心的爆发时间已延迟了约100亿年，一经爆发便形成了类星体或其他高能天体。因此，白洞又叫“延迟核”。

还有一种观点极具想象力：如宇宙中有正负粒子一般，宇宙中也存在着与黑洞（负洞）相同、性质相反的白洞（正洞）。它们分别属于不同的两个宇宙。

在科学探索的道路上，最美的事情莫过于理论上存在的事物得以被人们发现或证实。我们相信，随着科学技术的进步和天文学家的不断探索，白洞的谜团一定会被一一揭开。

图书在版编目（CIP）数据

时间简史. 黑洞的谜团 / 郭炎军编著；张雪青绘
. -- 北京：北京理工大学出版社，2024.3
（孩子们看得懂的科学经典）
ISBN 978-7-5763-2970-4

Ⅰ. ①时… Ⅱ. ①郭… ②张… Ⅲ. ①宇宙－少儿读物 Ⅳ. ①P159-49

中国国家版本馆CIP数据核字（2023）第195443号

责任编辑：封　雪　　文案编辑：封　雪
责任校对：周瑞红　　责任印制：施胜娟

出版发行 / 北京理工大学出版社有限责任公司
社　　址 / 北京市丰台区四合庄路6号
邮　　编 / 100070
电　　话 /（010）68944451（大众售后服务热线）
（010）68912824（大众售后服务热线）
网　　址 / http: //www.bitpress.com.cn

版 印 次 / 2024年3月第1版第1次印刷
印　　刷 / 三河市嘉科万达彩色印刷有限公司
开　　本 / 710 mm×1000 mm　1/16
印　　张 / 7.5
字　　数 / 73千字
定　　价 / 118. 00元（全3册）